黃河水利史料叢書

河工器具圖說

〔清〕麟慶 撰

武强 整

U0158161

中國水利水電出版社
www.waterpub.com.cn

·北京·

图书在版编目（ＣＩＰ）数据

河工器具图说 ／（清）麟庆撰；武强整理. — 北京：
中国水利水电出版社，2021.10
ISBN 978-7-5170-9171-4

Ⅰ．①河… Ⅱ．①麟… ②武… Ⅲ．①水利史－中国
Ⅳ．①TV-092

中国版本图书馆CIP数据核字(2021)第262615号

選題策劃：馬愛梅　宋建娜　戴甫青

書　　　名	河工器具圖説 HEGONG QIJU TUSHUO
作　　　者	〔清〕麟慶　撰；武强　整理
出版發行	中國水利水電出版社 （北京市海淀區玉淵潭南路１號Ｄ座　100038） 網址：www. waterpub. com. cn E-mail：sales@waterpub. com. cn 電話：(010) 68367658（營銷中心）
經　　　售	北京科水圖書銷售中心（零售） 電話：(010) 88383994、63202643、68545874 全國各地新華書店和相關出版物銷售網點
排　　　版	中國水利水電出版社微機排版中心
印　　　刷	北京中獻拓方科技發展有限公司
規　　　格	140mm×203mm　32 開本　5.875 印張　132 千字
版　　　次	2021 年 10 月第 1 版　2021 年 10 月第 1 次印刷
印　　　數	001—300 册
定　　　價	52.00 圓

凡購買我社圖書，如有缺頁、倒頁、脱頁的，本社營銷中心負責調換

整理説明

《河工器具圖説》，清麟慶撰。

麟慶（一七九一——一八四六年），姓完顔氏，字伯余、振祥，號見亭，滿洲鑲黃旗人。他是金世宗第二十四代後裔，順治九年（一六五二年）進士阿什坦第六世嫡孫，其叔高祖完顔偉，曾于乾隆六年（一七四一年）任江南河道總督。其父廷鏴曾任泰安知府，其母惲珠是位女詩人，爲清代畫壇六大家之一惲壽平的後代。嘉慶十四年（一八〇九年）進士及第，授內閣中書，入翰林院任編修，遷兵部主事，後歷任徽州知府、潁州知府、河南開歸陳許道、河南按察使、貴州布政使、湖北巡撫。道光十三年（一八三三年），授江南河道總督。晚年被授予庫倫辦事大臣，未赴任，不久病卒。《清史稿》卷三八三有其傳記。

道光十三年至道光二十二年（一八四二年），麟慶擔任了十年的江南河道總督，主管今江蘇、安徽境內的黃河與運河河道。因水情複雜，範圍廣袤，工程險要，每每須遵循先例，謹慎對待。麟慶在任職期間，對治理河道逐漸有了自己的見解，并很有建樹，著有《河工器具圖説》《黃運河口古今圖説》《麟見亭奏稿》等。其中《麟見亭奏稿》收錄麟慶于江南河道總督任內上書道光皇帝的秘奏，凡三百餘件，反映了麟慶任不同職務期間的方方面面，無所不包，具有極爲珍貴的史料價值，可與《河工器具圖説》相互參看。另有詩集《凝香室集》及生平旅游紀録

《鴻雪姻緣圖記》傳世。

《河工器具圖說》成書于道光十六年（一八三六年），分宣防、修濬、搶護、儲備四卷。該書突破了治河典籍中重道輕器的思想，作者發揮文筆功力，結合親身參加治河工程的經歷，從工程名目出發，依次介紹了各種河工器具。全書所列器具圖共一百四十五幀，所收器具共有二百八十九種，其中宣防六十五種、修濬八十六種、搶護六十三種、儲備七十五種，詳述了治河工程施工器具的沿革并推究其原，條分縷析，綱舉目張。《河工器具圖說》的內容是麟慶親身經歷的，爲後人展示了清代水利工程的一個詳實的側面，是清代比較系統地總結和介紹河工器具的書籍，也是當時河防水利工程方面經驗的科學總結，對後世水利史的研究甚至水利實踐均有重要的參考價值。

《河工器具圖說》完成之後，最早版本爲南河節署道光十六年刻本，即"道光丙申鐫"，"雪蔭堂藏板"。另據考證，有"蘇州刊本"，書後有"姑蘇閶門外洞涇橋西吳學圃局刻"等字，《四庫未收書輯刊》（第十輯第四冊）所收的即爲這一版本。民間也有抄本流傳，民國海寧張爲霖藏本即爲抄本。民國十五年（一九二六年），河南河務局依據張氏抄本，刻印了石印本。民國二十六年（一九三七年），商務印書館《萬有文庫》收錄《河工器具圖說》，此爲萬有文庫本。這些版本基本相同，書中缺失的頁碼、圖錄也相同，此次點校整理的底本，爲萬有文庫本。

因其深厚的家學淵源，麟慶博覽群書，在《河工器具圖說》一書中即有極充分的表現。該著作引書眾多，對每一種器具名稱的由來均作了深入的考據。本次點校過程中，針對書中的引文，除極少數特殊情況外，基本上均採用加引號處理的方法。若引文與原文相符或屬摘引，則不再出校勘記；若與原文出入較大，則通過校勘記加以説明。由于引書衆多，整理者亦未必能面面俱到，謬誤之處，尚待方家批評指正。

整理者

總　目

序

嘗聞形上者道，形下者器。器非特，各適其用而已，通乎器之爲用而道該焉，審乎道之所存而器具焉。水、火、金、木、土、穀，日用行習之道，即日用行習之器，道離乎器則不行，器離乎道則不明，一物一名，何莫非至理之所寓哉！道光乙酉春，麟慶仰蒙恩擢，分巡梁、宋諸名郡，繭絲之政繁，而保障之責尤重。竊以爲聰聽祖彝，習聞庭訓，近復歷守新安、穎川二郡，於治譜尚有稟承，而於河防則茫無門徑，恒惴惴焉，時懼勿克勝任。爰陳治河諸書，博觀約取，周歷工所，互證參稽，親歷十有五汛，安瀾幸報。己丑冬，改官豫臬，尋晉黔藩，巡撫楚北。癸巳秋仲，奉命承乏南河洪湖運道，工險政繁，海口江防，地廣任重，每蒞一工，治一事，率循成案，謹慎宣防，凡遇幕僚將佐練達河務者，不憚虛衷延訪。越今三載，而後知古今殊勢，執陳說不足以圖功也；南北異宜，就一隅不足以定論也。且夫古之治河者，大禹尚矣！厥後始於賈讓，詳於賈魯，大備於潘季馴，至我朝靳文襄公，攬全河於在握，彙群策以成謀，筆之於書，陳之於牘，大言炎炎，百餘年來宣防修守，罔有出其範圍，於此而欲逞私智而掠美言，不幾貽續貂之誚乎！顧孔子云：「欲善其事，先利其器。」嘗於祁寒暑雨，周歷河壖，每遇一器，必詳問而深考之，有專爲乎工而別立主名者，有不專爲乎工而修而兼用者，有類於古而實創自今者，有宜於今而無

1

異乎古者，其稱名也小，其利用也繁，日積月累，緝爲一編。雖未能小物不遺，而於工需似已苟完糜備，於是繪圖以尚其象，立說以推其原，庶使覽者援古証今，循名責實，通乎器之爲用而道於以該，審乎道之所存而器於以具。若以爲補前人之所未逮，則吾豈敢！

　　道光十有六年，歲在丙申，春三月，長白麟慶自敘於南河節署行所無事之軒。

卷一 宣防器具

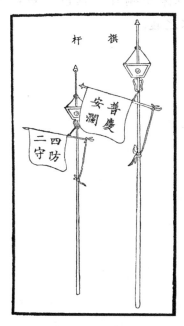

《釋名》："旗，期也，言與衆期於下也❶。"以布爲之，懸於堤上各堡及有工處所，大書"普慶安瀾"四字，亦有書"四防二守"者，四防何謂？風、雨、晝、夜。風能刷水汕堤，宜護；雨則沖堤淋溝，宜修；晝恐水漲，宜禦；夜防盜決，宜巡。二守何謂？官、民。官乃在官兵

---

❶　引文出自《釋名·釋兵》："熊虎爲旗。旗，期也，言於衆期於下。軍將所建，象其猛如熊虎也。"此處引用中，作"言與衆期於下也"，疑爲作者轉引之故。

夫，非專指官員而言也；民乃近堤百姓，非統合境內而言
也。兵夫只可修守於平時，若遇水漲工險，方下埽簽椿之
勿暇，故當伏秋大汛，例調民夫上堤協守，俗所謂"站堤
夫"是也，迨水落工平，仍歸兵夫修防。大書布旗，欲官
民共相警勉，務保安瀾耳。旗色尚黃，黃，中央色，屬
土，取以土制水之義。

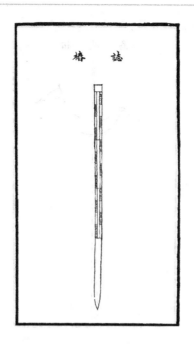

椿　誌

　　《説文》："椿，樴杙。""誌，記誌❶。"誌椿之製，刻
劃丈尺，所以測量河水之消長也。椿有大小之別：大者安
設有工之處，約長三四丈，較準尺寸，註明入土出水丈
尺；小者長丈餘，設於各堡門前，以備漫灘水抵堤根，兵
夫查報尺寸。古人取諸身曰指尺，取諸物曰黍尺，隋時始
用木尺，誌椿所由昉乎！

　　❶　引文出自《説文新附·木部》："椿，樴杙也。從木，春聲。"誌，出
自《説文新附·言部》："誌，記志也。從言，志聲。"此處引用均有省略。

5

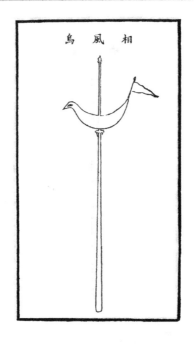

相風烏

　　刻木象烏形，尾插小旗，立於長竿之杪或屋頭，四面可以旋轉，如風自南來，則烏向南而旗即向北。《潛居録》："巴陵烏不畏人，除夕，婦女各取一隻，以米果食之。明旦，各以五色縷繫於鴉頸放之，相其方向，卜一歲吉凶，占驗甚多。大略云：鴉子東，興女紅；鴉子西，喜事臨；鴉子南，利桑蠶；鴉子北，織作息❶。"取以驗風，蓋亦相其方向也。不獨工次爲然，凡築堤、廂埽、運料、挑河，皆須相度風色以占晴雨，則烏又可少哉！

---

❶ 《潛居録》，北宋無名氏著，已佚。引文《說郛》。

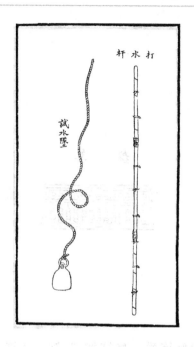

　　《正韻》："杆，僵木也❶。"打水杆有長至六七丈者，
東河兩鑲，上半用杉木，取其輕浮易舉，下半用榆木，取
其沉重落底；南河三鑲，中用雜木，兩頭接束以竹，取攜
便利，然遇大溜，探試少遲，即難得底，質輕故耳。又有
試水墜，其墜重十餘觔，鎔鉛爲之，上繫水綫椶繩爲之，
葢鉛性善下，垂必及底，雖深百丈，祇須放綫，亦可探
得。定例有工處所，派目兵專司打水，每日具報三次。若
遇水勢陡長，埽前溜急淘深，更須隨時測量，以備搶護。
再杆底鑲鐵，則下觸碎石，錚錚有聲，亦驗水底石工之
法也。

---

　　❶ 《正韻》，即《洪武正韻》，明太祖洪武八年修成，是樂韶鳳、宋濂等
人奉詔編成的官方韻書，共十六卷。它繼承了唐宋音韻體系，作爲明太祖興
復華夏的重要舉措，在明朝影響廣泛。

　　《儀禮》："無算爵,無算樂。"註:"算,數也❶。"《物原》:"黄帝使隸首作算數,得下籌之法。周公作《九章》,詳明算法,爲制算盤之始❷。"《清異録》:"宣武劉錢民也,鑄鐵爲算子❸。"今則削木爲之,每盤算子上二下五,取象七政,用之乘除,億萬不爽,爲會計所必需,而河工估核工料,尤爲要具。

---

　　❶　《儀禮》,爲儒家十三經之一,記載周代的各種禮儀,其中以記載士大夫的禮儀爲主。秦代以前篇目不詳,漢代初期高堂生傳《儀禮》十七篇,另有古文《儀禮》五十六篇,已經遺失。現存《儀禮》的篇次,是鄭玄採用劉向《別録》所定的次序。

　　❷　《物原》,有《事物原始》《事物紀原》二書,此處引文出自《事物原始》,又稱《新鐫古今事物原始》,明代徐炬著,收入《四庫全書存目叢書》。

　　❸　《清異録》二卷,北宋陶穀著,借鑒類書的形式,分爲三十七門,每門若干條,共六百六十一條。多記唐、五代時人稱呼當時人、事、物的新奇名稱,每一名稱列爲一條,而于其下記此名稱之來歷,這也是此書的價值體現。

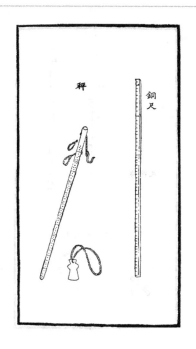

　　《孟子》曰：“權，然後知輕重；度，然後知長短❶。”
《漢·律曆志》：“權者，銖、兩、斤、鈞、石”，“度者，
分、寸、尺、丈、引也❷。”司河防者，稱物估工，烏能離
此。然尺有夏、商、周之別，稱有京、浙、廣之分，今部
頒銅尺，周尺也，其分寸與漢劉歆銅斛尺、後漢建武銅
尺、晋祖沖銅尺竝同，較諸晉玉尺、隋木尺、後周鐵尺及
現用之工尺、漕尺，均微短矣。至秤以二十四銖爲兩，十
六兩爲觔，較諸京法稍增，廣法稍減，合諸宋《皇祐新樂
圖》所載銖稱無異，實浙法爾。

----

　　❶　引文出自《孟子·梁惠王上》。
　　❷　出自《漢書》卷二一上《律曆志》：“權者，銖、兩、斤、鈞、石也，
所以稱物平施，知輕重也。”“度者，分、寸、尺、丈、引也，所以度長短也。”
此處爲摘引。

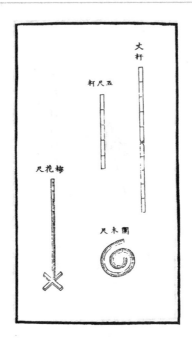

《傳疑録》："度起於黃鐘之長，後世十寸謂之尺，十尺謂之丈，凡公私所度，皆以丈計矣❶。"丈杆、五尺杆爲查量土埽、磚石工程，並收料垛石方必需之具。又有圍木尺，其制每尺較銅尺大五分，較裁尺小三分，其質以竹篾、熟皮、籐條爲之均可，專備圍收木植之用。俗例，龍泉碼離木鼻關口五尺圍起，漕規碼離木鼻關口三尺圍起。又有梅花尺，刻木爲尺，足用十字架托之，凡量河水深淺，估挑引渠，用此探試，不致陷入底淤，可以較準。

---

❶ 《傳疑録》，明陸深撰，不分卷，商務印書館《叢書集成初編》收録，據寶顏堂秘笈本排印出版。

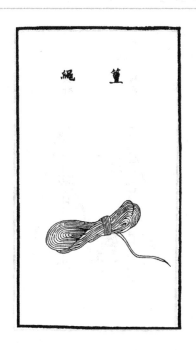

黄福《安南日記》："篡，縴索❶。"《演繁露》："杜詩舟行多用百丈，問之蜀人，云：水峻，岸石又多廉棱，若用索牽，遇石輒斷，不耐久，故擘竹爲大辮，以麻索連貫其際，以爲牽具，是名百丈❷。"百丈，言其長也。近時多以絨線結成，而總名曰篡繩。凡量堤估工，必拉篡以視高卑長短，用時須隨（大）〔夾〕杆❸、均高等具。

---

❶ 《安南日記》，明代黄福著，全名《奉使安南水程日記》，不分卷，記永樂四年七月出使安南（今越南）事。商務印書館《叢書集成初編》收錄，據《紀録彙編》本影印出版。

❷ 《演繁露》，宋程大昌著，十六卷，後有《續演繁露》六卷，又稱爲《程氏演繁録》。全書以"格物致知"爲宗旨，記載了三代至宋朝的雜事四百八十八項。《四庫全書·子部》有收錄。百丈，指牽船的篾纜。"杜詩"指杜甫《十二月一日三首》之一："一聲何處送書雁，百丈誰家上瀨船。"（《全唐詩》卷二二九）。

❸ 據下文所列，此處之"大杆"，當作"夾杆"。

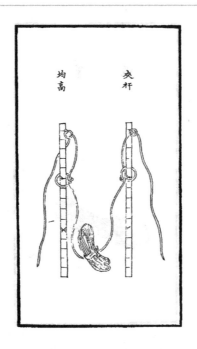

　　夾杆、均高，一物二名，對以峙之，故曰夾；齊以一
之，故曰均。長二三丈，刻劃尺寸，上釘鐵圈，中有腰
圈，量堤時將杆分列於南、北兩坦，若堤高一丈，將腰圈
拉至一丈之處，堤上兵夫踏住簧繩，以視高矮。

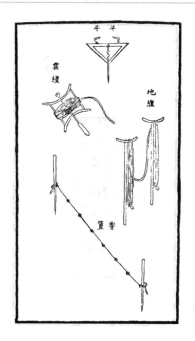

　　旱平，以木製成，三角式，或銅爲之，長闊不滿尺，上以二鈎備掛，中有活銅針，用時平掛於篾繩，視針之斜正，知地面之高低、河底之平窪。《傳疑録》："衡起於黄鐘之平，權與物鈎而爲衡，衡平而權鈎矣。"衡以準曲直也，旱平類是。地篦，丈量堤之長短，每五尺用紅絨爲記，二人拉量，遠觀便知數目。雲篦稍細，用亦略同。又有響篦，或籐或竹，連以鐵圈，每節五尺，共二十節，計長十丈，較之麻篦、篾篦，質稍堅結，用則相同。

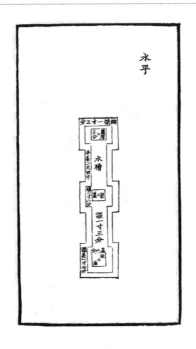

　　水平之制，用堅木長二尺四五寸，或長四五尺，厚五
寸，寬六寸，中間留長三寸，兩邊鑿槽各寬八分，餘寬七
分以作外框，兩頭各留長三寸，亦鑿槽寬八分，通身槽深
二寸，周圍一律相通。再於中央鑿池一方，寬長各二寸，
深二寸，左右各添鑿一槽，其寬深與通身槽同，便於放水
通連。槽內須放浮子一箇，浮子方長一寸五分，厚六分，
面安小圓木柄一根，高出面五分，其兩頭亦各放浮子一
箇，寬長均與中央同，惟兩頭之槽僅寬八分，未免浮寬槽
窄，必得於兩頭適中之處開二方池，照中央寬深尺寸，名
曰三池。用時置清水於槽內，三浮自起，驗浮柄頂平則地
亦平，如有高下即不平矣。但用在五六丈之內尤準，若多
貪丈尺，轉屬無益。

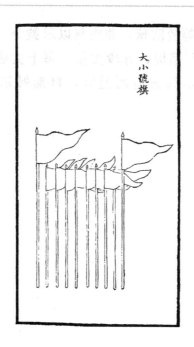

　　《世説》："軍中聽號令，必至牙旗之下❶。"《山堂肆考》："大將之旗曰牙，取其爲國爪牙也❷。"《太白陰經》："蚩尤建旂幟❸。"《黄帝内傳》："帝制五彩旗，指顧

---

　　❶　《世説新語》，南朝宋劉義慶著，梁代劉峻作注。全書原八卷，注本分爲十卷，今傳本皆作三卷，分爲三十六門。《世説》爲《世説新語》之別名，據查并無此處引語，當爲自別處誤記。又，唐封演《封氏聞見記》卷五，有此記載。

　　❷　《山堂肆考》，二百二十八卷，補遺十二卷，明彭大翼撰。本句引文出自卷二百三十三補遺："將軍之旗曰牙，取其爲國爪牙也。"與此處引文有出入。

　　❸　《太白陰經》又稱《神機制敵太白陰經》，唐代李筌著，全書十卷。古人認爲太白星主殺伐，因此多用來比喻軍事，故名。現存《墨海金壺》、平津館影宋抄本等。文中所引語句，爲《太白陰經》所無，惟卷四《器械篇第四十一》有"蚩尤之時，鑠金爲兵，割革爲甲；始制五兵，建旗幟，樹夔鼓，以佐軍威"。此處應非直接引用。

向背❶。"防河等於防秋，非旗無以示號令，辦工買料處所皆用之。又挑河築堤，分段丈量，每十丈建一小旗，每百丈建一大旗，示兵夫有所遵守，自無舛錯之患，故名曰號旗。

❶ 《黄帝内傳》一卷，作者未詳，成書年代當在唐代或更早，全書已佚。《秘書省續編到四庫闕書目》傳記類最早著錄，後《通志》《玉海》《文獻通考》等均有著錄。北宋高承《事物紀原》引用此書佚文最多，此處所引即出自該書卷九"玄女請帝制五彩旗，指顧相背"，稍有出入。

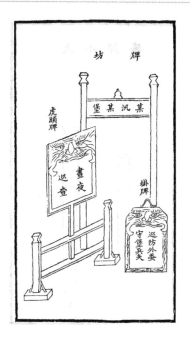

　　《周禮・天官・職幣》："以書楬之。"《疏》云："謂府
各爲一牌，書知善惡價數多少，謂之楬❶。"然則牌坊之書
"某汛某堡"，欲其段落分也；掛牌之書巡防外委、兵夫花
名，欲其責成專也，亦即楬之意耳。至於虎頭牌之書"晝
夜巡查"，列於堡房之側，又欲官弁兵夫觸目警心，不敢
稍有疎懈，謂徒設觀瞻，失其本意矣。

　　❶　《周禮》，儒家十三經之一，據傳爲周公所撰，現一般認爲其成書于戰
國晚期，是一部通過官制來表達治國方案的著作。後世爲之注疏者甚衆，此
處引文出自《周禮疏》卷一《天官》。

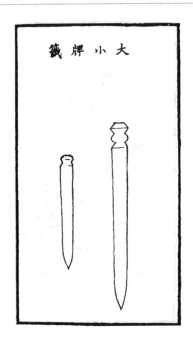

大小牌籤，木板削成，尺寸不拘，上施白油粉，籤頭塗硃。有工之處，標寫埽壩丈尺段落；無工之處，載明堤高灘面、灘高水面并堡房離河丈尺，即築土工，亦可以籤分工頭、工尾，註寫原估丈尺。《説文》："籤，驗也，銳也。"籤之用與籤之式皆備矣。

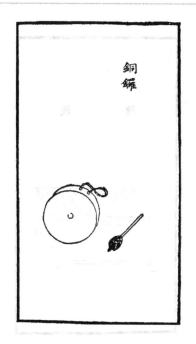

銅鑼

　　《正字通》❶:"鑼,築銅爲之,形如盆。大者聲揚,小者聲殺。《樂書》有銅鑼,自後魏宣武以後,有銅鈸、鈔鑼。《六書故》:'今之金聲,用於軍旅者。'"河上凡捲埽、廂工亦鳴此以齊人力,而夜間巡查揪頭等繩埽上人夫,與夫巡更、堵漏,悉以此爲號令。定例每堡各設兩面,有工之處不拘多寡。

　　❶ 《正字通》,明末張自烈撰,是一部按漢字形體分部編排的字書,十二卷,《康熙字典》即根據《正字通》而加詳備。有中國工人出版社一九九六年影印本。引文出自卷十一:"鑼,郎何切,音羅,築銅爲之,形如盆,大者聲揚,小者聲殺,《樂書》有銅鑼,自後魏宣武以後好胡音,銅鈸、沙羅,沙羅即鈔鑼。《六書故》曰:'今之金聲,用於軍旅者,亦以爲盥盆。'"引用稍有差異。

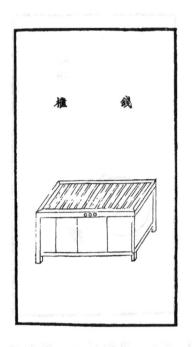

櫃，即櫃也。夏后謂之櫃，周始謂之櫃。《書》："納册於金縢之匵❶。"《太史公自序》："紬史記石室金匱之書❷。"韓于："楚人賣珠於鄭，爲木蘭之櫃❸。"《杜陽雜編》："唐武宗會昌初，渤海貢馬腦櫃❹。"《六書故》："今通以藏器之大

---

❶ 《書》即《尚書》，儒家十三經之一。此處引文出自《尚書·周書四·金縢第十三》："公歸，乃納册于金縢之匱中。"

❷ 指《史記·太史公自序》，爲《史記》最後一篇。

❸ 此處疑有誤，"韓于"似應爲"韓子"，此典出自《韓非子·外儲説左上》："楚人有賣其珠于鄭者，爲木蘭之櫃，熏以桂椒，綴以珠玉，飾以玫瑰，輯以羽翠，鄭人買其櫃而還其珠。此可謂善賣櫃矣，未可謂善鬻珠也。"

❹ 《杜陽雜編》，唐代蘇鶚撰，筆記小説，此書共三卷。《宋史·藝文志》作兩卷。書中雜記代宗迄懿宗十朝事，尤多關于海外珍奇寶物的敘述。引文出自《杜陽雜編》卷下："會昌元年……渤海貢馬腦櫃、紫瓷盆。馬腦櫃方三尺，深色如茜所制，工巧無比，用貯神仙之書，置之帳側。"

者爲匭，次爲匣，小爲櫝❶。"伏秋大汛，堡房設櫃，例貯防險錢十貫，以備堵漏等用。交兵夫收管，上有栅木，可以查驗而不可以探取，於備防堤工之中，復寓慎重經費之意。

---

❶ 《六書故》，三十三卷，《通釋》一卷，南宋文字學家戴侗撰，是一部用六書理論來分析漢字的字書。此書不沿襲《説文》五百四十部，而别立四百七十九目，稱其中一百八十九目爲文，又稱四十五目不易解釋的爲疑文，又稱其中二百四十五目爲字。文爲母，字爲子。引文出自《六書故》卷二七："匭，求位切，藏器也。……别作櫃、鐀。按：今通以藏器之大者爲匭，次爲匣，小爲櫝。"

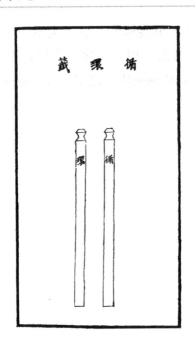

　　《韻會》："循環，謂旋繞往來❶。"《史記‧高帝纪》："三王之道若循環，終而復始❷。"籤之命名本此，與大小牌籤不同：彼或標記段落，或載明高低丈尺，或做工時分別首尾，其用止而不遷。兹則環往循返，循去環來，梭織巡防，用加慎密，有周流無滯之義焉。

---

　　❶ 《韻會》，亦稱《古今韻會舉要》，元熊忠撰，三十卷，分爲一百六韻，收字以平上去入分類注釋反切音讀、漢前古字書經書中的字義，字體演變，經典文賦中的使用等等。引文出自卷四《平聲上》。

　　❷ 出自《史記》卷八《高祖本紀》。

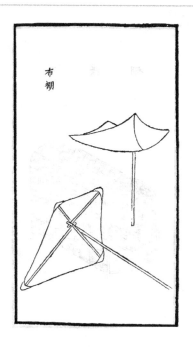

布棚

　　《開元遺事》："唐時長安富人於林亭間植畫柱，結綵
爲涼棚，閒坐其下，名曰避暑會❶。"布棚即涼棚之意，於
酷熱之中廂修埽段，司事者用以遮陽逅暑，顧長堤無薄，
日影時移，小則隨處支撐，輕則便於攜帶，迥非林亭內之
涼棚可比。

---

　　❶　《開元遺事》即《開元天寶遺事》，五代王仁裕撰，分爲上下卷，主要
記載宮中瑣事及宮外風情習俗。引文出自卷下《結棚避暑》："長安富家子劉
逸、李閑、衛曠，家世巨豪，而好接待四方之士，疎財重義，有難必救，真
慷慨之士，人皆歸仰焉。每至暑伏中，各于林亭內植畫柱，以錦綺結爲涼棚，
設坐具，召長安名妓間坐，遞相延請，爲避暑之會，時人無不愛羨也。"

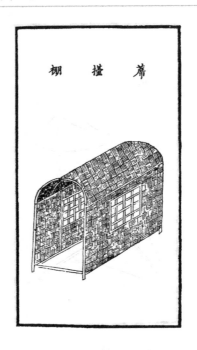

　　《集韻》："園屋爲庵❶。"擡棚，以蓆象其形而製之。風雨廂工，堡房距遠，藉此聊以藏身。且廂埽迄無定所，擡棚可以隨行。《虎苑》："饒王徐知諤嘗遊秝山，除地爲廣場，編虎皮爲大幃，率僚屬會其下，號曰虎帳❷。"《天寶遺事》："長安貴家子弟，每至春時，遊宴供帳於園圃中，隨行載以油幕，或遇陰雨，以幕覆之，盡歡而歸❸。"二者可以類推。

――――――――――

　　❶　《集韻》，宋仁宗景祐四年（一〇三七年）由丁度等人奉命編寫的官方韻書，寶元二年（一〇三九年）完稿，是一部按照漢字字音分韻編排的工具書。引文的原文爲卷四《覃部》："庵、菴，圜屋曰庵，或從草。"與引文稍異。

　　❷　《虎苑》，明王穉登著，分上下兩卷，內分德政、孝感、威猛、靈怪、人化、旁喻、雜誌等十四類。全書取歷代與虎有關的小故事，所選故事多精彩生動，堪稱小説佳品。引文出自卷下："梁王徐知諤嘗遊秝山，除地爲廣場，編虎皮爲大幃，率僚屬會其下，號曰虎帳。"引文與原文稍異。

　　❸　出自《開元天寶遺事》卷下《油幕》。

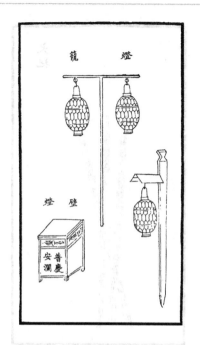

《物原》："徐廣曰,燈籠,一名篝,燭燃於內,光映於外,以引人步,始於夏時。"沈約《宋書》:"高祖有葛燈籠❶。"工次以丁字桿兩旁,各懸燈籠於上,或獨桿上有雨搭,下懸燈籠一盞。又有壁燈,上書"普慶安瀾",大汛時通宵不滅,皆備風雨黑夜,上下巡防之用。

---

❶ 出自沈約《宋書·高祖本紀》。

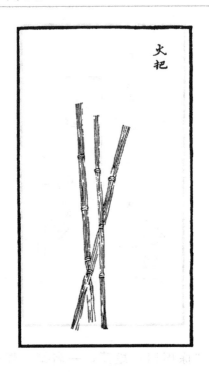

火把

　　古無火把之名。《説文》："苣，束葦燒也。"又曰："苣，火祓也❶。"《荆楚歲時記》："正月未日夜，蘆苣火照井厠中，百鬼走❷。"又吳中風俗，除夜，村落間以禿帚若麻藍、竹枝等燃火炬，縛於長竿之杪，以照舊爛然遍野，以祈絲穀。《莊子·逍遙遊》："日月出矣，而爝火不息❸。"

---

❶　《説文解字·艸部》："苣，束葦燒。從艸，巨聲。"又《説文解字·火部》："爝，苣火祓也。從火，爵聲。呂不韋曰：湯得伊尹，爝以爟火，釁以犧豭。"引文疑似以"苣"爲"火祓也"，當爲理解有誤。

❷　《荆楚歲時記》，記録中國古代楚地歲時節令風物故事的筆記體文集。南朝梁宗懍撰。全書凡三十七篇，記載了自元日至除夕的二十四節令和時俗。有注，傳爲隋代杜公瞻作。

❸　出自《莊子·逍遙遊第一》。

《吕氏春秋》："湯得伊尹，袚之於廟，爝以爟火，釁以犧貑❶。"即今之火把。南方以竹爲之，北方多用稭束，黑夜廂工雖有燈籠，不及火把之光可以照遠。

---

❶ 出自《吕氏春秋》卷十四《孝行覽第二》。

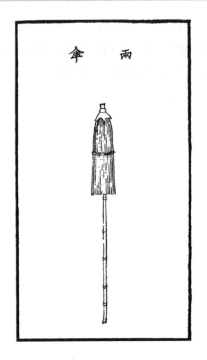

《玉屑》："元魏之時，魏人以竹碎分，并油紙造成傘，便於步行。"又曰："魯班之妻所造❶。"《清異錄》："江南周則少賤，以造雨傘爲業，其後戚連椒閫，後主戲封爲高密候。"《事林廣記》："《六韜》曰：天雨不張蓋幔❷。"《通

❶ 《玉屑》，疑爲《詩人玉屑》，但不見引文。此處姑存疑。

❷ 《事林廣記》，日用百科全書型的古代民間類書。南宋末年建州崇安人陳元靚撰，經元代和明初人翻刻時增補。《六韜》又稱《太公六韜》《太公兵法》，全書有六卷，六十篇，是中國古代的一部著名兵書。最早明確收錄此書的是《隋書·經籍志》，題姜太公撰，據分析應爲戰國末年的作品。引文出自《六韜》卷三《勵軍二十三》："將冬不服裘，夏不操扇，雨不張蓋，名曰禮將。將不身服禮，無以知士卒之寒暑。"

俗文》曰："張帛避雨謂之繖❶。"當陰雨之時，堤身埽段尤當晝夜巡查，非此無以避雨，在工者所必需也。

---

❶　《通俗文》，東漢末服虔撰。這是我國第一部俗語詞辭書，在小學史與辭書史上具有重要地位。全書已亡佚，不少類書中有輯録。此處引文《天中記》等作"張帛避雨謂之繖蓋"，可對比參看。

　　《説文》：“蓑，草雨衣，秦謂之萆❶。”《廣韻》：“襏
襫，雨衣也❷。”《庶物異名疏》：“管子曰：農夫身穿襏
襫，即蓑衣，一曰軭堅衣，可任苦❸。”《六韜·農器篇》：
“蓑、薜、簦、笠❹。”故又名薜，雨具中最爲輕便者。

――――――――――

　　❶　《説文解字·衣部》：“衰，艸雨衣。秦謂之萆。從衣象形。”《説文
解字》中無“蓑”字，引文將“衰”作“蓑”。

　　❷　《廣韻》全稱《大宋重修廣韻》，五卷，北宋官修的一部韻書，宋真
宗大中祥符元年（一〇〇八年）由陳彭年、丘雍等奉旨在前代韻書的基礎上
編修而成，是我國歷史上完整保存至今并廣爲流傳的最重要的一部韻書。引
文在《廣韻》中無此解釋，未知作者從何處引用。此處存疑。

　　❸　《庶物異名疏》，明代陳懋仁撰，三十卷。《四庫全書總目提要》稱
其“匯輯物名之異者，爲之箋疏”。共計二千四百五十二名，分爲二十五部。

　　❹　出自《六韜》卷三《龍韜·農器三十》：“蓑、薜、簦、笠者，其甲
胄干櫓也。”

《演繁露》："王章臥牛衣中，注：龍具也。蓋亦蓑衣之類❶。"挑河廂埽，如遇陰雨，兵夫用以被體，非此不可。

---

❶ 出自《演繁露》卷二《牛衣》："王章臥牛衣中，注：龍具也。龍具之制，不知何若。案《食貨志》董仲舒曰：貧民常衣牛馬之衣，而食犬彘之食。然則牛衣者，編草使暖，以被牛體，蓋蓑衣之類也。"

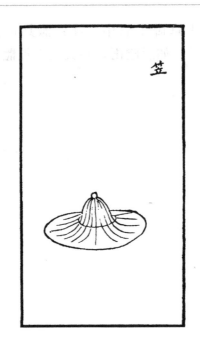

笠

　　《篇海》："籉笠，以竹爲之，無柄曰笠，有柄曰籉❶。"
《卓氏藻林》："籉笠，備雨器也。《國語》：籉笠相望於安
陵❷。"古以臺皮爲之，《詩》所謂"臺笠緇撮❸"是也。
《庶物異名疏》："管子曰：農夫首載茅蒲。茅蒲，蒲笠

----

　　❶　《篇海》是古代字書收字最多的字典，全書十五卷，收字五萬四千五
百九十五個。最初編者是金代的王與秘，他將《玉篇》按筆劃數序重新編排，
故也是第一部按筆劃數序排字的大型字典。金章宗明昌七年，韓孝彦又將
《玉篇》的部首按五音四聲排列而作《五音篇》。金章宗泰和八年，韓道昭等
又對《五音篇》加以改編，稱爲《五音增改並類聚四聲篇》，後又進一步簡稱
爲《五音類聚四聲篇海》《四聲篇海》《篇海》。

　　❷　《卓氏藻林》，明卓明卿輯，八卷。《四庫全書總目提要》稱其"捋擷
類書，分門輯錄，頗有簡擇而取材豐富"，但後人亦有疑其剽掠《王氏藻林》
者。引文出自卷四《衣飾類》："籉笠，備雨器也。籉笠相望于安陵。"此處引
文疑有誤，"國語"一詞爲作者自行添加。

　　❸　出自《詩·小雅·都人士》："彼都人士，臺笠緇撮。"

也。"《名義考》:"程曉《伏日詩》:今世褦襶子,觸熱到人家❶。"褦襶,涼笠也,或大或小,皆頂隆而口圓,可芘雨蔽日,以爲蓑之配也。廂工防險,蓑衣僅能禦雨,笠則兼可遮陽,尤爲應備之物。

❶ 《名義考》,明代周祁著,全書十二卷,分天、地、人、物四部分,是一部探求古代文獻中詞語由來的專著。

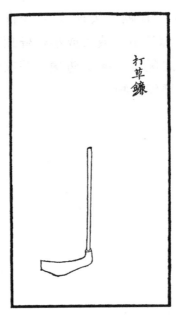

打草鐮

《逸雅》：“鐮，廉也，體廉薄也，其所刈稍稍取之，又似廉者也❶。”《周禮》：“薙氏掌殺草，夏日至而夷之。”鄭注：“鈎鐮迫地，芟之也❷。”《農桑通訣》：“鐮制不一，有佩鐮，有兩刃鐮，有袴鐮，有鈎鐮，有推鐮❸。” 《方

---

❶ 《逸雅》，《釋名》的別稱。明代郎奎金曾把《釋名》和《爾雅》《小爾雅》《廣雅》《埤雅》刻在一起，稱爲《五雅》。因後四部書均以“雅”字命名，故改《釋名》爲《逸雅》。此處引文出自《釋名·釋用器》。

❷ 出自《周禮》卷十《地官》：“薙氏掌殺草，春始生而萌之，夏日至而夷之，秋繩而芟之，冬日至而耜之。”鄭注出自《周禮注疏》卷三十七：“玄謂萌之者以茲其斫，其生者夷之，以鈎鐮迫地，芟之也，若今取茭矣。”引文與原文稍異。

❸ 《農桑通訣》是《王禎農書》的總論部分，對農業的重要性、農業生產起源與發展的歷史、農業生產的經驗與技術（包括林、牧、副、漁），都作了全面而系統的總結。引文出自卷十一《農器圖譜》五《銍艾門》：“鐮之制不一，有佩鐮，有兩刃鐮，有袴鐮，有鈎鐮，有鐮柯鐮柄楔其刃也之鐮，皆古今通用艾器也。”引文本非出自《農桑通訣》，係作者引用錯誤，且引文與原文亦有一定的差異。

言》："刈鈎，自關而東謂之鎌，或謂之鍥❶。"《説文》："銍，穫禾短鎌也❷。"《集韻》："釤，長鎌也❸。"皆古今通用芟器，打草鎌亦不外是。

---

❶ 《方言》，全稱爲《輶軒使者絕代語釋別國方言》，西漢揚雄著，是訓詁學一部重要的工具書，也是中國第一部漢語方言比較辭彙集。《方言》經東晉郭璞注釋之後流傳至今。今本《方言》計十三卷，所收的詞條計有六百七十五條，被譽爲中國方言學史上第一部"懸之日月而不刊"的著作，在世界的方言學史上也具有重要的地位。引文出自《卷五》："刈鈎，江淮陳楚之間謂之鉊，音召，或謂之鐹，音果。自關而西或謂之鉤，或謂之鎌，或謂之鍥，音結。"與原文稍異。

❷ 出自《説文解字·金部》："銍，穫禾短鎌也。從金，至聲。"

❸ 《集韻》中無"釤"字條，此處暫未知出自何處。

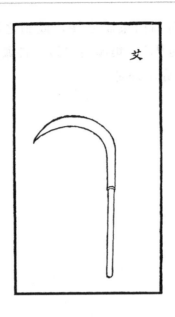

　　《詩》："奄觀銍艾❶。"艾，乂也。《穀梁》："一年不艾而百姓飢❷。"艾，穫也。《方言》："刈鈎，自關而東謂之鐮，或謂之鍥。"《三才圖會》："鍥似刀而上彎，如鐮而下直，其背指厚，刃長尺許，柄盈二握。""又謂之彎刀，以艾草禾或斫柴篠，農工使之❸。"春夏之交，堤頂兩坦草長，芟除之用，與鐮有同功焉。

---

　　❶　引文出自《詩·周頌·臣工》："命我眾人，庤乃錢鎛，奄觀銍艾。"
　　❷　《穀梁》，即《春秋穀梁傳》，爲儒家經典之一，與《左傳》《公羊傳》同爲解說《春秋》的三傳之一，以語錄體和對話文體爲主，是研究儒家思想從戰國時期到漢朝演變的重要文獻。引文出自《莊公》第三，與原文無異。
　　❸　《三才圖會》，又名《三才圖説》，明代王圻及其子王思義撰，是一部百科式圖録類書，共一百零八卷。"三才"是指"天""地""人"三界。該書現有萬曆刊本存世，一九八七年廣陵古籍刻印社縮印出版。引文出自《器用》十一卷："鍥古節切，似刀而上彎，如鐮而下直，其背指厚，刃長尺許，柄盈二握，江淮之間恒用之。""又謂之彎刀，以刈草禾或斫柴筱，可代鐮斧，一物兼用，農家便之。"引文與原文稍異。

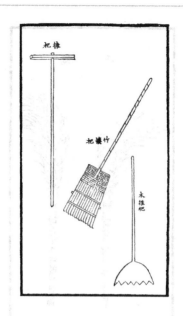

　　《物原》：“叔均作耖杷。”《逸雅》：“杷，播也，所以播除物也。”《説文》：“杷，平田器❶。”大都鐵爲多，竹次之，木則罕見。木而無齒則莫如擁杷是。《前漢·高〔帝〕紀》：“太公擁彗❷。”擁，持也。擁杷形如丁字，用以平隄，亦猶擁彗云爾。又推杷以木爲之，前刻數齒，用以推埽面積雪，疏隄頭塊礫，最便。又竹摟杷，齒亦編竹爲之，料廠工所摟聚碎稭，攤曬濕柴，非此不爲功。

---

❶　《説文解字·木部》：“杷，收麥器。從木，巴聲。”與引文不同，故此處存疑。

❷　《漢書》卷一下《高帝紀》第一下：“太公擁彗，迎門卻行。”

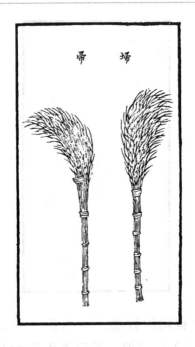

《古本》：“夏少康作箕帚❶。”《周禮·夏官·戎右》：“贊牛耳桃茢。”注：“桃，鬼所畏也。茢，苕帚，所以埽不祥。”諸侯盟則用之。《曲禮》：“凡爲長者糞之禮，必加帚於箕上。”《爾雅·釋草》：“荓，馬帚。”注：“似蓍，可以爲埽彗。”又：“葥，王彗。”注：“王帚也，似藜，其樹可以爲彗，江東呼之曰落帚❷。”《漢高紀》：“太公擁彗。”凡潔除堤頂埽面，非埽帚不可，則其爲用廣矣。

---

❶ 《古本》，未知爲何書。疑應爲《世本》，此處姑存疑。

❷ 《爾雅》，儒家十三經之一，是我國最早的一部解釋詞義的專著，也是第一部按照詞義系統和事物分類來編纂的詞典。“荓”，出自《爾雅·釋草》：“荓，馬帚。”郭璞注：“荓，似蓍，可以爲埽彗。”“葥”，出自《爾雅·釋草》：“葥，王彗。”郭璞注：“葥，王帚也，似藜，其樹可以爲埽彗，江東呼之曰落帚。”則“荓”當爲“荓”，而兩字的解釋，引文與原文均有相當的差異。

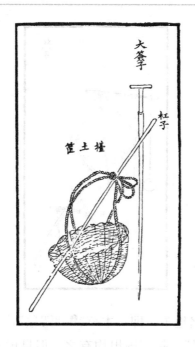

　　大簽子，長四五尺，有類鐵錐而木其柄。每年春初百蟲起蟄之候，例飭文武汛員督率兵夫持簽簽堤，用榔頭打簽，深入土中，一經簽出洞穴，即以鐵枚刨挖到底，將筐杠攎土填墊，用木夯築實。每堡皆須預備。《篇海》："筐，盛物竹器也。"北方竹少，多以柳筍編成，廂工攎土，亦有用筐以期迅速者。杠即荷筐之具。此數物皆簽堤必備器具，緣一線單堤，年深日久，或有獾洞、鼠穴、水溝、浪窩之病，及樹根朽爛、冰雪凍裂之處，一遇大汛漫灘，滲漏串水，最爲隱患。其所以防患未然者，惟此簽堤一法。

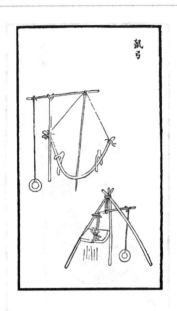

　　地鼠，俗名地羊，即《本草》❶ "鼹鼠"，《爾雅》"鼢鼠"，《廣雅》❷ "犁鼠"。隄頂兩坦均有之，但見虛土一堆，即此物也。爪銛牙利，頃刻穿隄，搜捕不可不淨。捕法：趁其迎風開洞，用竹弓鐵箭射之，百不失一。鼠弓有三，一用鐵簽，張於弓上，簽直如矢；一用挑棍撐桿，懸以消息；又一式，三叉，其木墜以巨磚，懸以消息，若今之取禽獸用罟攫然。顏師古《漢書注》："弩以足踏者曰蹶張。" 殆相類而不同者歟！

---

　　❶　《本草》，指《本草綱目》，明李時珍撰，我國著名的藥學著作。全書共一百九十多萬字，載有藥物一千八百九十二種，收集醫方一萬一千九十六個，繪製精美插圖一千一百六十幅，分爲十六部、六十類。本書也是一部具有世界性影響的博物學著作。

　　❷　《廣雅》，我國最早的一部百科詞典。共收字一萬八千一百五十個，是仿照《爾雅》體裁編纂的一部訓詁學彙編，相當于《爾雅》的續篇。篇目也分爲十九類，各篇的名稱、順序，説解的方式，以致全書的體例，都和《爾雅》相同。《廣雅》中并無 "犁鼠" 一詞。

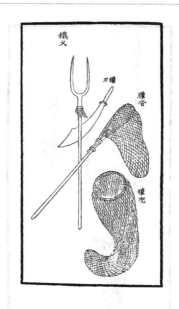

　　"沓"，字義無可考，按：《羽獵賦》："出入日月，天與地沓。"註："作相連合解，或取沓與洞合，勿使逃逸之義❶。"沓、兜，均以麻結成，上古伏羲作網，勾芒作羅，可以類推。獾有遊住之分，遊獾尚未傷及堤身，住獾洞穴多在堤根，既曲且深，口大如碗，有前門，離四五丈或七八丈復有後門，最爲堤工隱患。埽穴之法，水灌、火薰均足制勝，惟堵前竄後，堵後竄前，每易脫逸。但洞外有虛土一堆，是其出入之處，且獾行每由熟路，尋踪搜捕，尚易見功。捕法：暗中守拿，宜用有柄之沓。施於平地，宜用無柄之兜。刀叉皆備用利器，此外尚須養獾犬捕之。

---

❶　《羽獵賦》，西漢揚雄、東漢王粲有同名作品，此處引文爲揚雄之作。該賦收入《昭明文選》卷八，應劭作注。

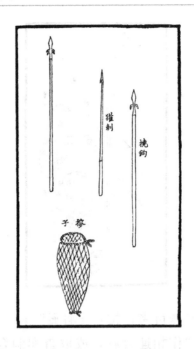

　　《廣韻》：“摻，索也。”揚子《方言》：“就室曰摻，於路曰略❶。”《正韻》：“撓，抓也❷。”《韻會》：“刺，棘芒也。”今巡夜捕獲之具，有名刺者，鍛鐵爲之，其鋒銛利，上有倒鈎以象棘芒。又有撓鈎，直刃向上，倒鈎雙垂，並有四出者，受以木柲，其用甚便，殆即古之戈與！按《周禮·考工記·冶氏》：“戈廣二寸，内倍之，胡三之，援四之。”鄭注：“戈，今勾子戟也。内謂胡以内援，直刃，

---

　　❶　揚子《方言》，揚子即西漢揚雄，引文出自《方言》卷二：“摻，略求也。秦晉之間曰摻。就室曰摻，於道曰略。略，強取也。”與原文稍異。

　　❷　出自《正韻》卷四《十三爻》：“撓，搔也。《晁錯傳》：匈奴之眾撓亂也。”引文與原文有較大差別。

胡，其子❶。"至摻子乃繩網，即古之罦護，製與兜同，而口穿活繩，易於束收，用時每張於玃狐洞口，俗稱曰摻子，或有取就室之義乎！

---

❶　出自《周禮注疏》卷四十："戈廣二寸，內倍之，胡三之，援四之。"注："戈，今句子戟也，或謂之雞鳴，或謂之擁頸，內謂胡以內接秘者也，長四寸，胡六寸，援八寸，鄭司農雲：援，直刃也，胡，其子。"引文與原文稍異，且謂"胡以內援直刃"，疑似遺漏一行之故。

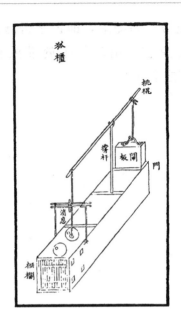

　　狐櫃，以木製成，形如畫箱，前以挑棍挑起閘板，以
撐桿撐起挑棍，後懸繩於挑棍而繫消息於櫃中，以雞肉爲
餌，安置近柵欄處，使狐見而入櫃攫取，一碰消息，則繩
鬆棍仰，桿落板下，而狐無可逃遁矣。《韻會》："攫捕獸
機檻。"《名物考》："罟攫以肩羂禽獸，今之扣網也❶。"櫃
亦類是。

---

　　❶ 《名物考》，未知何書，但此處引文于《丹鉛總錄》卷八《罟獲陷穽》
條有載。

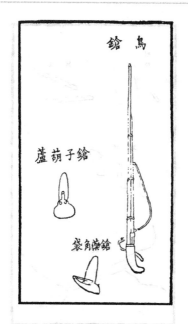

《物原》："軒轅作礮，呂望作銃，爲製火器之始。"
《金史》："飛火槍，守汴時用，以槍發火，實始於此❶。"
《七修類稿》："鳥嘴木銃，明嘉靖間倭寇犯浙，得其器，
遂傳造焉❷。"則是鳥鎗之名起於明矣。考"鎗"音庚，鏘
鏘聲，槍字本從木，今俗從金，蓋取聲響之義。其製鑄鐵
爲管，鑲木成桿，中設斗門，火機勾動，即可致遠。外隨
葫蘆，專貯鉛子，角袋專貯火藥，最爲武備利器。今河工
兵堡設此，一以巡夜支更，一以捕狐靖盜。

---

❶ 出自《金史》卷一一三《赤盞合喜傳》。此處爲間接引用。
❷ 《七修類稿》，明代郎瑛著，五十一卷（又《續稿》七卷）。全書按類
編排，分天地、國事、義理、辯證、詩文、事物、奇謔等七類。現存明嘉靖刻
本、清乾隆四十年（一七七五年）耕煙草堂刊本等。引文出自卷四十五《事
物類·倭國物》："鳥嘴木銃，嘉靖間日本犯浙，倭奴被擒，得其器，遂使傳
造焉。"引文與原文稍異。

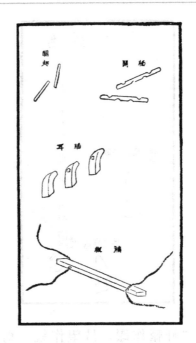

　　《玉篇》：“版，片木也❶。”《集韻》：“以版有所蔽曰
牐❷。”《字典》：“今漕艘往來，甃石左右如門，設版潴水，
時啓閉以通舟。水門容一舟，銜尾貫行，門曰牐門，設官
司之❸。”按：啓閉器具有牐版，削木爲之，寬厚各一尺，

---

❶　《玉篇》，中國古代一部按漢字形體分部編排的字書。南朝梁顧野王
撰。唐代孫强又有增字，宋陳彭年、吳銳、丘雍等重修。現存《大廣益會玉
篇》已非野王原本；另有《玉篇》殘卷存于日本。引文出自《玉篇·片部》：
“版，判也。”《玉篇·木部》：“板，補簡切，片木也，與版同。”

❷　《集韻》卷十：“閘，閉城門具。二曰以版有所蔽。”引文與原文稍異。

❸　《字典》，即《康熙字典》，清康熙年間由張玉書、陳廷敬主編，參考明代
《字彙》《正字通》等編寫，成書于康熙五十五年，故名。字典採用部首分類法，
按筆劃排列單字。字典全書分爲十二集，每集又分爲上、中、下三卷，并按韻母、
聲調以及音節分類排列韻母表及其對應漢字，共收録漢字四萬七千零三十五個。
引文爲《康熙字典·門字部》：“今漕艘往來，甃石左右如門，設版潴水，時啓閉
以通舟，水門容一舟，銜尾貫行，門曰閘門，河曰閘河。設閘官司之。”

長二丈四尺，兩頭各鑿一孔，以貫粗繩。牐耳以石爲之，各有孔，每岸三枚，内中耳孔，兩頭俱通，以貫牐關。關以檀木爲之，長六尺，圍一尺八寸，中鑿四孔，備運關翅，用時兩端貫閘耳，孔内插翅運之。關翅亦用檀木，每根長丈許，橫插關心，以備推絞之用。

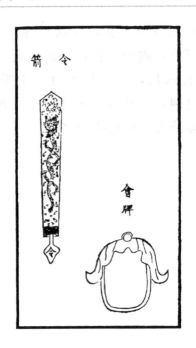

《集韻》："令，律也，法也❶。"《書·冏命》："發號施令❷。"《禮·月令》："命相布德和令❸。"《漢紀》："令有後

---

❶　該引文應出自《五音集韻》卷十二："令，力政切，善也，命也，律也，法也。又力盈切，又歷丁切。"《集韻·勁韻》："令，官署之長。漢法：縣萬戶以上爲令，以下爲長。"《集韻·梗韻》："令，官署之長。"《五音集韻》，金韓道昭著，約一二一二年前後成書，全書分一百六十韻，分平、上、去、入四部分。與宋代成書的《集韻》爲兩部不同的韻書。此處引文中，兩部韻書的解釋相差甚大，疑爲作者將二書混淆之故。

❷　出自《尚書·周書·冏命》："發號施令，罔有不臧。"

❸　《禮記》，儒家十三經之一。最早由西漢禮學家戴德及其侄子戴聖編定，分別稱《大戴禮記》《小戴禮記》。前者在流傳過程不斷散佚，至唐代只剩下了三十九篇；後者四十九篇，即今本《禮記》。東漢末年，著名學者鄭玄爲《小戴禮記》作注，并由解説經文的著作逐漸成爲經典，唐代被列爲"九經"之一，爲士者必讀之書。引文出自《禮記》卷四《月令》。

先，有令甲、令乙、令丙❶。"國朝定制，總督令旗黄緞爲
之，斜幅，緫徑一尺八寸，旒徑二尺四寸，斜徑三尺，貫
以令箭，笴長三尺，縣朱皂羽，上括下鏃，鏃面鋄❷銀，
令字罩以油紬套，象繪雲龍，取相應之義，河工提閘催
船，持此爲信。又有會牌，係上下兩閘啓閉，彼此知照憑
據，緣運道水勢，蓄洩機宜全在啓閉，而欲上下相應，非
會牌不爲功。

---

❶ 出自《漢書》卷八《宣帝紀》"如淳注"，《漢紀》爲東漢荀悅整理編
撰，并無此處的引文，故《漢紀》應指《漢書·宣帝紀》。

❷ "鋄"字，音萬，一般寫作"錽"。《集韻》卷六："錽，亡范切，馬首
飾。"此處又作動詞用。

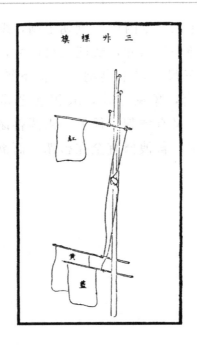

三升旗，即標旗也。凡大工向於壩頭豎立長竿，上扣三鐶，貫以長繩，繫黃、紅、藍布旗三面，隨用拉扯上下。派兵守之，如須土升黃旗，料升紅旗，柳草升藍旗。夜則易以三色燈籠，以爲號令。

卷二　修濬器具

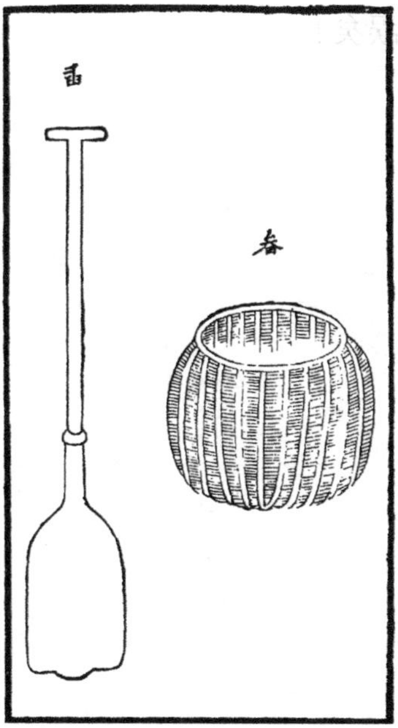

《農書》："畚，土籠也。《左傳》：'樂喜陳畚挶。'注：'畚，簣籠。又稱畚築。'注：'畚，盛土器，以草索爲之。'《説文》：'畚，䴵屬。'南方以蒲竹，北方以荆柳。"王禎《咏畚詩》："致用與簣均，聯名爲臿偶❶。"臿，顔師

❶ 《王禎農書》，元王禎撰，共計三十七集，三百七十一目，約十三萬字，完成于一三一三年。全書分《農桑通訣》《百穀譜》和《農器圖譜》三大部分，最後所附《雜録》包括了兩篇與農業生産關係不大的"法制長生屋"和"造活字印書法"。此書是我國農業史上最重要的著作之一。該兩處引文，均出自《王禎農書》卷十四《農器圖譜》卷八。引文爲摘引，與原文有異。

古曰："鍬也，所以開渠也❶。"《前漢·溝渠志》：《白渠歌》曰："舉臿爲雲，決渠爲雨❷。"《淮南子》曰："堯之時，天下大水，禹執畚臿以爲民先❸。"近時形制雖稍不同，而治水土之工者，必以此二物爲本。揚子《方言》謂畚、臿爲一物，誤矣！

---

❶ 出自《漢書》卷二十九《溝洫志》顏師古注。

❷ 出自《漢書》卷二十九《溝洫志》："田于何所？池陽谷口。鄭國在前，白渠起後。舉臿爲雲，決渠爲雨。涇水一石，其泥數斗。且漑且糞，長我禾黍。衣食京師，億萬之口。"原文并無《白渠歌》之名，此處當爲引文中所添加。

❸ 出自《淮南子》卷二十一《要略》，"禹之時，天下大水，禹身執虆垂，以爲民先，剔河而道九歧，鑿江而通九路，辟五湖，而定東海。"引文中"畚臿"與原文"虆垂"有異，可參見《淮南子集釋》（何寧撰，中華書局，一九九八年）第一四六〇頁。

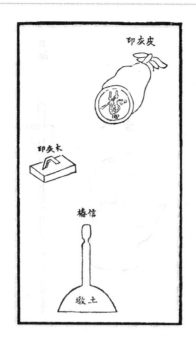

《説文》："印，執政所持信也，從爪從卩❶。"象相合
之形。《廣韻》："印，信也，因也，封物相因付也❷。"古
人於圖畫、書籍皆有印記。今估土工多有自鐫木印，用石
灰爲印泥。又有皮印，以白布作袋，長八寸，牛皮作底，
寬五寸，底上鏤字篆押，各爲密記，内貯細灰，用時緩緩
印之。又有信椿，其法截木爲椿，凡築隄挑河，估定尺寸
後，較準高深，簽椿相平，用灰印於椿頂，裹以油紙，覆
以磁碗，取土封培，俟工完啓，驗灰印完整，然後拉繩椿
頂驗收，可杜偷減等弊。

---

❶ 出自《説文解字·印部》："印，執政所持信也。從爪從卩。凡印之屬
皆從印。於刃切。"是引文中"卩"當作"卩"。

❷ 出自《廣韻·震韻》："印，符印也，印信也。"又："印，因也，封物
相因付。"是引文中將兩種釋義合而爲一，爲間接引用。

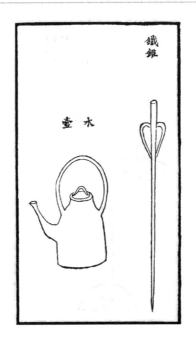

　　《説文》：“錐，銳器也❶。”《釋名》：“錐，利也。”《淮
南子·兵略訓》：“疾如錐矢。”鐵錐長四尺，上豐下尖，
其豐處上有鐵耳，便於手握。修築堤工，每坯試錐一遍，
用木榔頭下打，拔起後，以水壺貯水灌入錐孔，不漏爲
度。若一灌即瀉，名曰“漏錐”；半存半瀉，名曰“滲
口”；存而不瀉，名曰“飽錐”。然試錐須直下，不可搖
動，搖動則土填孔中，試亦不准。且聞驗收土工時，有用
鮎魚涎、榆樹皮汁和水灌下，即可飽錐者。其弊不可
不知。

---

　　❶　出自《説文解字·金部》：“錐，銳也。從金，隹聲。”是引文中作
“銳器也”，似爲失當。

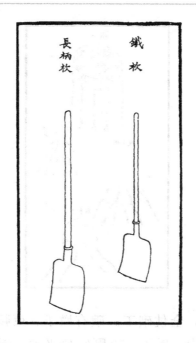

　　《玉篇》："枚，鍫屬。"《正韻》："枚，鍤屬。"但其首方濶，柄無短柺，與鍫、鍤異。《事物原始》："枚或以鐵或以木爲之，用以取沙土。"《方言》："鐵者名跳枚，木者名枚部❶。"《三才圖會》："煅鐵爲首，謂之鐵枚。"今土工利用之器，凡搜尋埽尾後裂縫餘土，及平埽面之土，或十數把、一二十把不等，而興辦土工時，所謂"邊枚夫"者，即持此物。又有長柄枚，係挑河出淤之具，柄長則捽遠，以便人立河槽窪處，捽淤於岸也。

---

❶　《方言》中并無此處引文，但《格致鏡原》《授時通考》等書中均稱《方言》，未知何據。此處姑存疑。

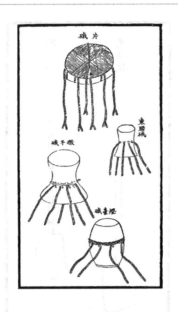

隄之堅實，全仗硪工。硪有墩子、束腰、燈臺、片子等名。四者之中，墩子、束腰宜於平地，燈臺、片子宜於坦坡，統名地硪，比雲硪重二三十觔，下大上小。凡築隄壩，用以連環套打，始得保錐。又墩硪最重，豫、東用之；燈硪稍輕，淮、徐用之；腰硪、片硪最輕，高、寶用之，蓋因人力不齊之故。至瓣分長短，以長爲佳，緣長則拋得起，落得重，自增堅固。再硪夫必須對手，倘十人中有一二不合式者，其築打之跡，形如馬蹄，硪雖重亦不保錐。辦工者當隨時更換也。至硪質，向專用石，近更有以鐵鑄者，取其沈重。又硪面平整，近有於一面鑿起，狀如五乳者，俗曰乳硪，名甚不雅，然用以敲拍灰礓，尤爲得力。

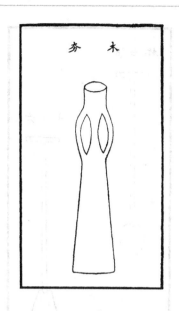

《字彙》："夯，人用力以堅舉物❶。"《禪林寶訓》："累及他人擔夯❷。"亦用力之意。凡築室必先平地，平地必須加夯，大者長七八尺，圍二三尺不等，不獨河工然也。工次木夯長四尺，旁鑿兩鼻，俾有把握，填墊獾洞、鼠穴，以夯夯之，可期堅實。又有四鼻者，形製較秀，俗名美人夯，然其用實遜耳。

---

❶ 《字彙》，明代梅膺祚編，共十四卷，共收錄三萬三千一百七十九字，是明代至清初最爲通行的字典。此書依據楷體，將《說文解字》部首簡化爲二百十四部，開創了全新的字典體例。引文出自《字彙·丑集·大部》："夯，呼朗切，墾上聲。大用力以肩舉物。"是引文中將"大"誤作"人"。

❷ 《禪林寶訓》，又稱《禪門寶訓》《禪門寶訓集》。四卷，南宋僧淨善重集。收錄宋代諸禪師之遺語教訓，約三百篇，各篇末皆明記其出典。本書初由妙喜普覺、竹庵士珪二禪師于江西雲門寺所輯錄，後散佚。南宋淳熙年間，淨善加以重集，即現行之《禪林寶訓》。此書古來即盛行于禪林，每被列爲初學沙彌的入門書。引文出卷一："黃龍南和尚曰：予昔同文悅遊湖南，見衲子擔籠行腳者，悅驚異蹙頞，已而呵曰：'自家閨閤中物不肯放下，返累及他人擔夯，無乃太勞乎？'"輯自《林間錄》。

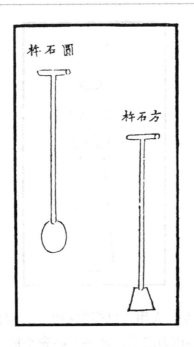

《易·繫詞》：“斷木爲杵。”《字林》：“直舂曰擣❶。”古人擣衣，兩女對立，各執一杵，如舂米然，其韻丁東相答，後人易作卧杵，對坐擣之，取其便也。今工上有石杵，仍存古制，琢石爲首，受以丁字木柄，俾一人可舉，兩手可按，用以平治土隄、填築浪窩甚便。至方圓則各肖其形，各適其用耳。

---

❶ 《字林》，古代字書，晋吕忱著，收字一萬二千八百二十四個，按：《説文解字》五百四十部首排列，已佚。清乾隆間任大椿著有《字林考逸》八卷，光緒間陶方琦又有《字林考逸補本》，據隋代杜台卿《玉燭寶典》、唐代慧琳《一切經音義》等書補任書所未録。引文出自《補本·手部》。但麟慶爲道光時人，何以引用光緒間人著作，姑存疑于此。

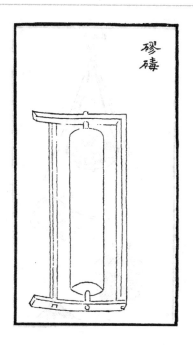

磢磚

　　《正字通》："磢磚，石輥也，平田器。一作礝磚。"北
方多以石，南人用木，其制可長三尺，或木或石，刊木括
之，中受簨軸，以利旋轉，農家藉畜力挽行，以人牽之，
碾打田疇塊垡及碾捍場圃麥禾。工則用以平治堤頂，且豫
備葦纜打成，用以矸壓，可期軟熟。

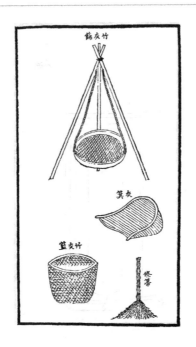

  《事物原始》："篩，竹器，留麤以出細者。"又去穀之糠粃者，名曰簸箕，自神農氏始。《詩》云"或簸或揚❶"是也。《農書》："籃，竹器。"《周禮》："桃苃。"註："苃，苕帚。所以埽不祥。"凡治三合土，必須細石灰、黃土、沙土，而欲灰土之細，非此四器不爲功。其用篩法，向取三竹竿鼎足支立，近上縛定，挂以長繩，貯灰土於中，從底眼篩下，承以竹籃，其遺於地者，以箕帚掃取，乃得净細。

---

  ❶ 《詩·大雅·生民》："誕我祀如何，或舂或揄，或簸或蹂。"《世說新語·排調第二十五》："王文度、范榮期俱爲簡文所要。範年大而位小，王年小而位大。將前，更相推在前，既移久，王遂在範後。王因謂曰：'簸之揚之，糠粃在前。'範曰：'洮之汰之，砂礫在後。'"是并無引文中所稱"或簸或揚"一詞。

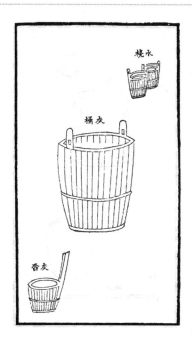

　　《事物原始》："夏臣昆吾作石灰。"《孔氏雜説》："俗以和泥灰爲麻擣，出《唐六典》❶。"南河石工，後槽例用三合土，係以灰土及米汁擣成，其泡灰、和灰之具，有桶有榾。榾，小桶也。又有灰舀，爲挹灰水用。《説文》："挹，彼注此，謂之舀❷。"榾，俗字，無考。

----

　　❶　《孔氏雜説》，又名《珩璜新論》，宋代孔平仲撰，四卷。該書考證古今舊聞，亦間有托古事以發議論者，其説多精核可取。有《學海類編》本、《墨海金壺》本。引文出自卷四："俗以和泥灰爲麻刀，出《唐六典》：京兆歲送麥稍三萬捆，麥麩二百車，麻擣二萬斤。"是"麻刀"與引文"麻擣"有異。

　　❷　"舀"字在《説文解字·臼部》："舀，抒也。從爪、臼。詩曰'或簸或舀'，以沼切。"是《説文》原文與引文不同。實則該引文出自朱駿聲《説文通訓定聲》："凡舂畢於臼中挹出之曰舀，今蘇俗凡挹彼注茲曰舀。"故作者引用不準確。

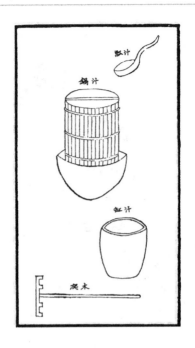

《説文》："汁，液也。"又糯，稻之粘者，其汁爲漿。
《廣韻》："鍋，温器。"《正字通》："俗謂釜爲鍋。"《集
韻》："爬，搔也。"《農書》："瓢，飲器。許由以一瓢自
隨，顔子以一瓢自樂❶。"汁鍋、汁爬、汁瓢、汁缸皆取漿
之器。其法：先以木桶加鍋上接口熬煉糯米成汁，隨時用
爬推攪，不使停滯，用瓢酌取驗視濃淡，候滴漿成絲爲
度，然後貯以瓦缸，備石工灌漿及拌和三合土之用。

---

❶ 出自《王禎農書》卷十七《農器圖譜》卷十一："瓢栖。判瓢爲飲
器，與匏樽相配。許由一瓢自隨，顔子一瓢自樂。"引文與原文有異。

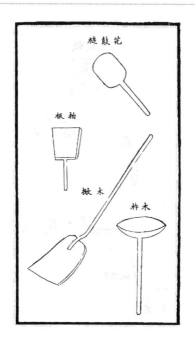

　　《集韻》："搥，擊也。"《唐書》："搥一鼓爲一嚴。"《釋名》："拍，搏也，以手搏其上也。"又："掀，舉出也。"又："杵，擣築也，舂也。"四器皆以木爲之。木掀，爲拌和地上散土碎灰用；木杵，爲拌和桶內米汁與灰土用；花鼓槌、拍板均爲擣築三合土用。其法，先搥後拍，退步緩打，每坯以千百計，候土面露有水珠爲度，俗名出汗，然後再加二坯，自臻堅實矣。

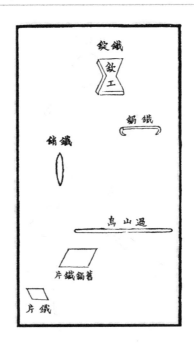

《通雅》："鉼，亦謂之笏，猶今之謂錠也[1]。"《釋名》："銷，削也，能有所穿削也[2]。"《玉篇》："鋦，以鐵縛物也。"河工成規：凡閘壩面石，例在對縫處用鐵錠，轉角處用鐵銷，橫接處用鐵鋦，均鑿眼安穩，以資聯絡。又有過山鳥，備砌工轉角之用。舊鋦片、鐵片，備墊塞裏石縫口之用。

---

[1]　《通雅》，明方以智撰，共五十二卷，全書二十四門，內容廣泛，考證名物、象數、訓詁、音聲等，是一部百科全書式的著作。引文出自卷四十："銀謂之鉼，亦謂之笏，猶今之錠也。"是引文有斷章之嫌，並不完全符合原文之意義。

[2]　出自《釋名》卷七《釋用器第二十一》："鍤，挿也，挿地起土也；或曰銷，銷，削也，能有所穿削也；或曰鏵，鏵，刳也，刳地爲坎也，其板曰葉，象木葉也。"是"銷"字原爲解釋"鍤"，與該處之"銷"並非同義。

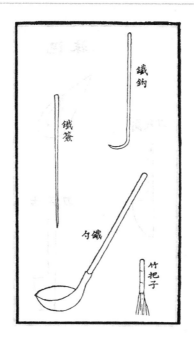

　　石工條石，例應鏨鑿六面見光，然一經排砌，不能無縫，且臨湖石工，後用磚櫃，設非灌漿，斷難膠固。其具有四：曰勺、曰鈎、曰籤，皆以鐵爲之；曰把，以竹爲之。按：《說文》：“勺，挹取也。象形，中有實❶。”《周禮・考工記》：“勺一升。”鐵勺用以挹漿，灌時預核層路尺寸，酌定多寡，使漿無糜費。又《玉篇》：“鈎，致也，曲也。”《說文》：“籤，驗也，銳也。”鐵鈎、鐵籤用以探試石縫、磚櫃，使漿無沾滯。把，《漢書注》：“手捪之也❷。”竹把，用以抿膩縫隙，使漿皆充滿。

---

　　❶　出自《說文解字・勺部》：“勺，挹取也。象形。中有實，與包同意。凡勺之屬皆從。”是引文與原文有異。

　　❷　出自《漢書》卷七十二《貢禹傳》顏師古注。

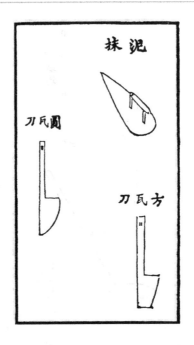

《古史考》："夏臣昆吾作瓦❶。"《爾雅·釋宮》："鏝謂之
杇。"疏："鏝者，泥鏝，一名釫，塗工之作具也。"《增韻》：
"亂曰塗，長曰抹❷。"今匠人所用泥抹，係以薄鐵爲底，狀
如鞋，前尖後寬，上安木柄爲套手，蓋即古之鏝爾。瓦刀，
鑄鐵爲之，長七寸，首長二寸，前窄後寬，餘五寸爲柄，其
頭南多圓、北多方，形製不同，均爲削治磚瓦之用，俗名抹
刀，一名挖刀，河工苫蓋廠堡、修砌磚櫃所必需也。

———————————

❶ 《古史考》，魏晉時期譙周撰，原書二十五卷，約當宋元之際散佚。今
有清人章宗源輯本一卷。該書是作者爲考訂司馬遷《史記》所載周秦以上史事
之誤而作，故名《古史考》。內容上主要是對《史記》所記先秦人名、史事中出
現的謬誤作了一些必要的糾正與闡釋。

❷ 《增韻》即《增修互注禮部韻略》，宋毛晃增注，其子居正校勘重增，
五卷。是書因《禮部韻略》收字太狹，乃搜采典籍，依韻增附。引文出自卷五：
"抹，摩也，塗抹也。亂曰塗，長曰抹。"

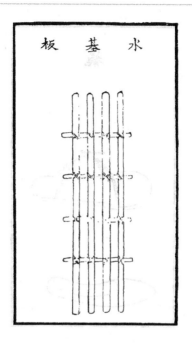

　　水基板，一名水基跳。河底泥濘，無從着脚，用木配成板，或用大竹，以谷草繚繞，排做如地平式，長一二丈。人立在上，如履平地，得以挑挖。揚子《方言》："基，據也，在下物所依據也❶。"人在泥中，板有所據，故曰水基。

---

　　❶ 本句爲《方言》中所無。查《釋名·釋言語》中有原文，與引文完全相同。是該處似應出自《釋名》，似爲作者誤引。

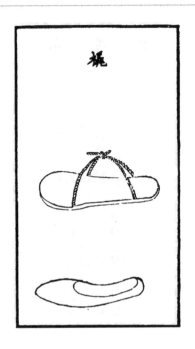

　　橇，泥行具也。《史記·夏本紀》："泥行乘橇。孟康曰：'橇，形如箕，摘行泥上❶。'"《農書》云："嘗聞向時河水退灘淤地，農人欲就泥裂漫撒麥種，奈泥深恐沒，故制木板以爲屐，前頭及兩邊高起如箕，中綴毛繩，前後繫足底板，既濶則舉步不陷❷。"今之退灘淤地，種麥者著屐如木屐，猶泥行乘橇之遺歟！

----

　　❶　出自《史記》卷二《夏本紀》："陸行乘車，水行乘船，泥行乘橇。……孟康曰：'橇形如箕，摘行泥上。'"是引文中"摘"字與原文"擿"字有異。

　　❷　出自《王禎農書》卷十三《農器圖譜七》，引文與原文無異。本節文字説明中，自"橇，泥行具也……"至"則舉步不陷"，均爲《農書》所載，作者未于前半部分説明，僅之後才提及。

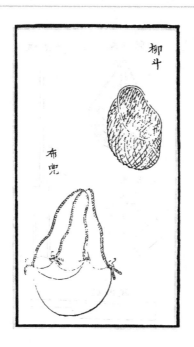

　　《漢·律曆志》："量者，龠、合、升、斗、斛也。十龠爲合，十合爲升，十升爲斗，十斗爲斛。"柳斗，柳條編成，口紮竹片，其形似斗，挑河戽水用之。若挑河挑出稀泥，筐不能承，用布兜爲佳。

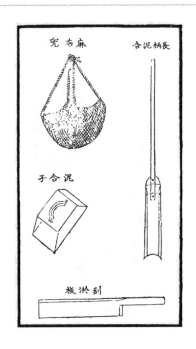

　　河工挑淤之具，布兜外尚有麻兜，長寬對方二尺四寸，口連四角，包繫以繩，用之盛淤漏水。又泥合子，堅木爲之，寬尺二，長尺八，高四寸，中安提把，用之戽淤轉貯。又長柄泥合，堅木爲柄，長四尺六寸，柳木爲首，長一尺四寸，狀如蒲鍬，邊高中凹，相接處加束鐵箍、鐵鍋，用之摔淤於遠。又刮板，剡木爲之，連柄長三尺，寬六寸，用之刮淤入合。

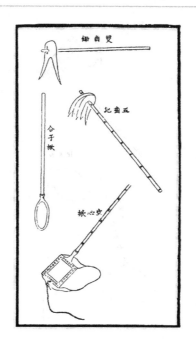

　　《正字通》："鈀，鉏屬。"《玉篇》："掀，鍪屬❶。"合子掀，剡木爲首，中凹如勺，四圍鑲鐵，可盛稀淤；空心掀，刳木中空，四面鑿眼，釘布袋於掀後，用長竹爲柄，前繫一繩，撈浚稀淤，一人引繩，一人扶柄；雙齒鋤，鍛鐵爲首，形如燕尾，受以木柄，可破砂礓；五齒鈀，鍛鐵爲齒，形長而扁，受以竹柄，可除膠淤，皆爲撈浚利器。

---

　　❶　出自《玉篇‧手部》："掀，舉也。"《玉篇‧木部》："枚，鍬屬。"是引文中，疑將"掀""枚"二字混淆，又或二字相通之故。

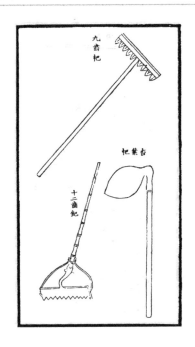

　　《釋名》："齊魯謂四齒曰櫌❶。"郭璞《方言》注："無齒爲扴。"《急就章》注："無齒爲枌，有齒爲杷❷。"《齊民

---

　　❶　出自《釋名·釋道》："四達曰衢，齊魯謂四齒杷爲櫌，櫌杷地則有四處，此道似之也。"是引文與原文稍異。

　　❷　《急就章》原名《急就篇》，西漢元帝時命令黃門令史游爲兒童識字編的課本，因篇首"急就"二字而得名。用不同的字組成三言、四言或七言的韻文，內容涉及姓名、組織、生物、禮樂、職官等各方面，如一部小型百科全書。該文從漢至唐一直是社會流傳的主要識字教材，同時，抄寫規範精雅的本子也有作爲臨書範本的功能。唐代以後，其主導蒙學教材的地位方爲《千字文》《三字經》等所代替。原文爲："無齒爲捌，有齒爲杷，皆所以推引聚禾穀也。"與引文稍異。

要術》：“杷，謂之鐵齒鎘鏒❶。”《方言》：“杷，宋、魏間謂之渠挐，或謂之渠疏。”他如穀杷、耘杷、竹杷，又有齒曰耖，無齒曰耢，皆杷屬也。厥名不一，其用不同。九齒杷，橫木爲首，鍛鐵爲齒，每齒約長三寸，爲破除塊壤、搜剔瓦礫利器。杏葉杷，鍛鐵爲首，形如杏葉，受以木柄，爲撈浚河底淤柴之器。十二齒鈀，鑄鐵爲首，曲竹爲柄，首長一尺五寸，寬四寸，厚三分，爲撈拉淺水沙淤之器。

---

❶ 《齊民要術》，北魏賈思勰著，是一部綜合性農書，也是世界農學史上最早的專著之一，是中國現存的最完整的農書。全書十卷九十二篇，收錄當時中國農藝、園藝等最先進的技術。書中援引古籍近二百種，包括《氾勝之書》《四民月令》等已失傳的重要農書。引文出自《齊民要術》卷一《耕田第一》，此處并非直接引用，僅提及“杷”的解釋。

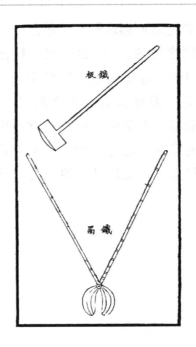

　　《玉篇》："罟，夾魚具。"《三才圖會》："鏵濶而薄，
翻覆可使。"今起土撈淺之具，有鐵板，其首類鏵，受以
長木爲柄。又有鐵板，鑄鐵如勺，中貫以樞，雙合無縫，
柄用雙竹。凡遇水淤，駕船撈取，以此探入水內，夾取稀
淤，散置船艙，運行最便。

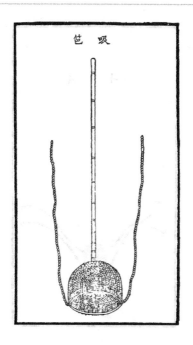

　　《説文》：“吸，内息也。”《正字通》：“吸，引也。”
《六書故》：“俗謂飲曰吸。”《篇海》：“苊，竹有刺者。”
《史記索隱》：“江南謂葦籬曰苊。”有竹斗編眼如籬，因名
苊斗。今治淤器有名吸苊者。其制：取斗口向下，兩旁各
繫繩一，中貫竹竿，遇有沙淤積成土埂之處，用船排泊，
人持一苊插入河底，時起時落，刻不停手，自得吸引之
妙，歷時既久，埂去河深矣。

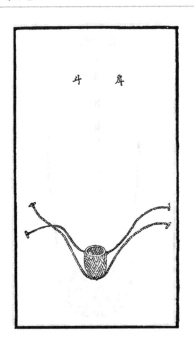

  《廣韻》："戽，抒也。"《物原》："公劉作戽斗。"又戽以木爲小桶，桶旁嘗繫以繩，兩人用以取水，名曰戽桶。如堤內陂塘瀦蓄，地濶水深，宜用翻車；地狹水淺，宜用戽斗。南方多以木罌，北人多以柳筲，從所便也。

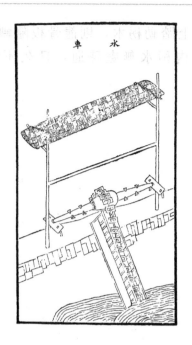

水車，農家所以灌溉田畝、取水之具也，今河工用以去水，又名翻車。《魏略》❶以爲馬鈞所作。王鳳埝《名物通》："江浙間目水車爲龍骨車❷。"其制除壓欄木及列檻樁外，車身用板作槽，長可二丈，濶四寸至七寸不等，高約一尺，槽中架行道板一條，隨槽濶狹比槽板兩頭俱短一尺，用置大小輪軸，同行道板上下通週以龍骨板葉，其在上大軸兩端各帶杮木四莖，置於岸上木架

❶ 《魏略》，共五十卷，魏郎中魚豢編，爲中國三國時代中記載魏國的史書。《三國志注》多引用《魏略》的內容來注釋。此書久佚，現今只留有佚文。清代王仁俊、張鵬一分別作有輯佚，以張鵬一輯本爲佳，輯有二十五卷并附遺文六條。

❷ 《名物通》，《四庫全書》未載此書，然多有引用此書內容者，此處暫存疑。

之間，人憑架上踏動枴木，則龍骨板隨轉循環，行道板刮水上岸。堤內積水無處疏通，日久不涸，當以此法治之。

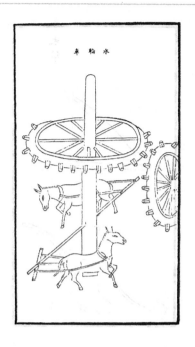

水輪車

　水輪車，其制與人踏翻車同，但於流水岸邊掘一狹
塹，置車於内，外作豎輪，岸上架木立軸，置一臥輪，其
輪適與豎輪輻支相間，用衛拽轉，輪軸旋翻，筒輪隨轉，
比人踏功殆將倍之。元王禎詩云：“世間機械巧相因，水
利居多用在人。可是要津難必遇，却將畜力轉筒輪❶。”

---

❶　出自《王禎農書》卷十九《農器圖譜》十三。

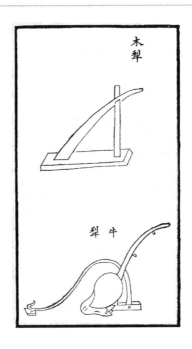

《廣韻》：“犂，墾田器。”《釋名》曰：“犂，利也。利則發土絕草根也❶。”利從牛，故曰犂。《山海經》曰：“后稷之孫叔鈞所作。❷”《魏略》曰：“皇甫隆爲燉煌太守，教民作樓犂。”《宋史》：“淳化五年，武允成獻踏犂一具，不用牛，以人力運❸。”陸龜蒙《耒耜經》：“冶金而爲之者曰犂鑱、曰犂壁，斲木而爲之者曰犂底、曰壓鑱、曰策額、

---

❶　出自《釋名·釋用器》：“犂，利也，利發土絕草根也。”《釋名疏證》卷七：“今本發土上有‘則’字，衍也，據《齊民要術》引删。”是引文中之“則”字當係同一原因所衍。

❷　此處引自《山海經》卷十八《海內經》：“稷之孫曰叔鈞，是始作牛耕。”未提及犂的發明，俟考。

❸　出自《宋史》卷一百七十三《食貨志》：“淳化五年，宋、亳數州牛疫，死者過半，官借錢令就江淮市牛，未至。屬時雨霑足，帝慮其耕稼失時，太子中允武允成獻踏犂，運以人力。”是引文爲間接引用。

曰犁箭、曰犁轅、曰犁梢、曰犁評、曰犁建、曰犁槃❶”，
凡十有一，皆指農具而言。他如巨艦行溜水中，舟人在
岸，以木犁插土收勒繩纜，亦名犁。工次進埽，前推後
捲，恐人力不齊，犁亦必用之物，但其製與農具不同，且
斲木而不冶金耳。又疏濬引河有牛犁之法，所用犁即係農
具，惟施之淺水則宜。

---

❶ 《耒耜經》，唐陸龜蒙撰，是中國歷史上著名的農具專志。共記述農具
四種，尤其是對唐代曲轅犁的描述，極具史料價值，歷來受到國內外有關人
士的重視。

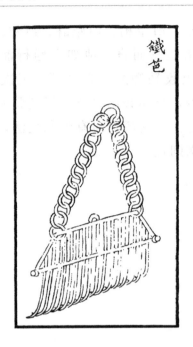

　　《廣韻》："笆，竹名，出蜀郡，竹有刺者❶。"《竹譜》：
"棘竹，騈深一叢爲林，根若推輪，節若束針，亦曰笆
竹❷。"鐵笆，鑄鐵象形爲之，亦挑河疏淤之具也。

---

　　❶　出自《廣韻·馬韻》："笆，竹名，出蜀。"《廣韻·麻韻》："笆，有刺
竹籬。"引文應爲原文兩項解釋合并，稍異。

　　❷　《竹譜》，一卷，晉戴凱之撰。《隋書·經籍志·譜録類》著録，無撰
人姓名。《舊唐書·經籍志·農家類》收録，題戴凱之撰，但未注明作者時
代。宋晁公武《郡齋讀書志》也有記載。宋以後流傳很廣，有《百川學海》
《説郛》《漢魏叢書》《龍威秘書》等多種版本。

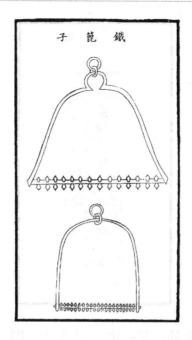

鐵篦子，疏河之具。《物原》："神農作篦笓。"《詩·魏風》："佩其象揥❶。"揥，即今之篦子，取其疏利，鑄鐵以象形，故名。其製不一：大者如鸚鵡架，高六尺六寸，上嵌鐵鐶一，下排鐵齒十四，每齒長七寸；小者形如箕，高二尺八寸，上嵌鐵鐶一，下排鐵齒二十一，每齒長四寸五分。其用法，以大船一隻，繫鐵篦子於船尾，往來急行，不使流沙停滯，但下水順風張帆較快，若上水則兩岸須用蝦鬚纜，多人牽挽方可，倘船行稍緩，即無效矣，曾歷試不爽。南河又有混江龍、虎牙梳等具，木質鐵齒，稍爲便捷，其用略同。

---

❶　出自《詩·魏風·葛屨》："好人提提，宛然左辟，佩其象揥。"

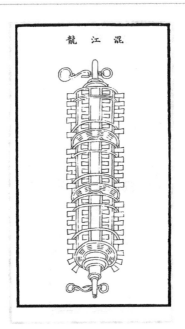

龍江混

　　車以硬木爲軸，長一丈一尺五寸，圍一尺二寸，周身密排鐵箭，兩頭鑿孔，穿鈎繫繩。每車用輪三箇，每輪排鐵齒四十，每齒長五寸，輪身用鐵箍四道，間釘鐵杌如八卦式，用船牽挽而行，泥可翻動。顧嘗試之，於順水尚可流行，逆水則船重難上，車亦無從置力。此外尚有泥犂等具，均備疏濬之用，大約重則沉滯，輕則浮漂，非利器也。姑存備考。

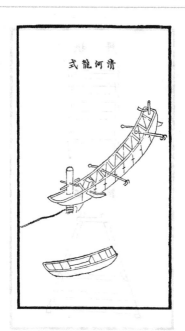

此具創自黃司馬樹穀，凡九艙，末一艙安舵爲龍尾，其七爲龍腹，每艙寬八尺，長九尺，高六尺，各自爲體，聯以鐵鈎，第一艙爲龍頭，長二丈，頭上合二板，中安一柱，柱身即絞關也，柱下圍以鐵齒，柱後爲龍口，口內之末用鐵爲龍舌，舌上爲龍喉，內襯鐵皮。其法：以人推關，船自前進，齒動泥鬆，從舌入口，逆喉而上，出口落艙，一艙滿，就隄卸泥，以次更換，卸畢復聯成一龍。再柱凡十眼，水漸深則柱漸下，口亦漸長。又龍口內有物曰探泥，一曰格水，使水不得入喉，喉之外有板曰批水，象龍頰也，用以分水。腹之外有把，曰剔泥，象龍爪也，用以梳泥。龍之外又有小船，備探水深淺、繫繩解卸等用，名曰子龍，其用法：以兩龍繫繩對繳，中距二十丈，龍既對頭，河底自深。前人曾如法試之，運河不無小效，黃河則隨過隨淤，竟屬無用。姑存此圖備考。

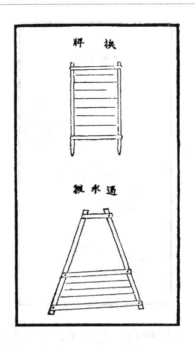

《六書故》：“挨，旁排也。”揚子《方言》：“強進曰
挨❶。”《正字通》：“凡物相近謂之挨。”挨牌、逼水板皆運
河淺滯、純用人力逼水行沙之具。其制：挨牌上下相同，
逼水板上窄下寬，約高六七尺，寬三尺，中安橫檔三道，
兩面橫釘厚板，用人夫在背後擎托，立淺水處八字擺設，
藉以逼刷深通，然祇能用於數丈之地，長則無益。

---

❶　查《方言》中無此解釋，按《通俗編》卷三十六：“挨，《說文》‘挨’
訓擊背，讀於駭切，與今音義全別。《六書故》引揚子《方言》：‘強進曰挨。’
檢今本揚子，未見此語，蓋今謂相抵者，其字實當作搎，書挨者悞也。”是此
處引文亦同此誤。

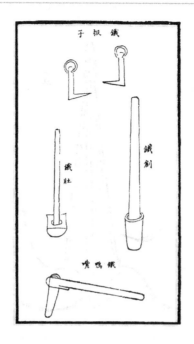

　　《釋文》："鋤，助也，去穢助苗也❶。"首長而扁，一名鴨嘴，本田器，河工修築土石工亦用之。又鐵扳子，俗名狼虎，形如扁鈎，寬厚二寸許，長連灣鈎尺許，上有鐵環。凡釣石，如石在水下，半陷土内，釣撈未能得力，即以扳子二個分扣釣竿千觔繩上，將扳子灣處栽入土下，緊貼石底，以便釣起。又鐵劀，長數寸至尺許，圓數寸至一尺，扁頭，上以堅木爲柄，凡補修石工，水下石縫參差，鐵撬短細，非劀不爲功。又鐵壯，方不及尺，厚數寸，上方下圓，中孔安木柄，凡築打灰眉土用之，今則易以石硪。此具久不用，然尚存"壯夫"名目。

---

　　❶　無《釋文》一書，亦非《經典釋文》《釋文紀》等書。當出自《釋名·釋田器》："鋤，助也，去穢助苗長也。"

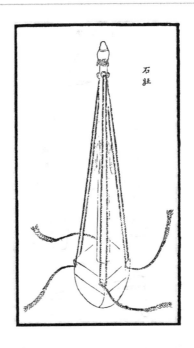

凡修建石工，石後砌磚櫃，磚後築灰土，以期堅實。
但築打灰土若用硪工，硪係拋打，未免震動磚石，是以舊
時用壯。其製琢石爲首，上方下圓，四隅有眼，各繫蔴
辮，上安木柱長六尺，柱頂有四鐵圈緊對壯隅，以繩絆
緊，柱腰四面有木鼻，用時四人對立，各執其一，再以四
人提辮，齊提齊落，然後用夯及木榔頭撲打，則灰土
成矣。

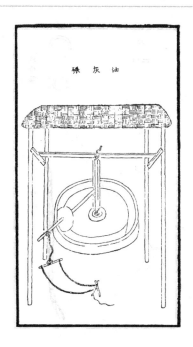

　　《集韻》："碾，水輾也，轉輪治穀也❶。"凡修建閘壩，須用油灰，以資膠固。其合製之法：用石碾，石碾週圍砌成石槽，碾盤中央安置碾心木，上下有軸，上置碾擔，下置碾臍，槽內用石碾砣，形如錢，中安木柄，一頭接碾心木，一頭駕牛，俾資旋轉，貯細石灰、净桐油於槽內，務使油灰成膠爲度。

---

　　❶　出自《集韻·獮韻》："碾、㼈，所以礱物器也。""輾，女箭切，轉輪治穀也。"《五音集韻》卷十一："輾、碾、㼈，女箭切，水碾。"是引文中的解釋出自兩部韻書，乃爲摘引的組合。

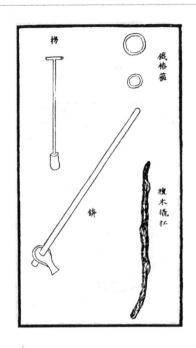

《集韻》："錛，平木器也。"鐵首木柄，狀如魚尾，鋒利，削椿比斧較易。《廣韻》："箍，以篾束物也。"大小鐵椿箍均厚五分。簽椿時，驗椿之麤細，用箍之大小，按頂套護，庶行硪時不損椿頂。拐，係鑄鐵爲首，形如懸膽，重二觔，受以丁字木柄，長二尺二三寸，與鐵杵仿彿，每逢兩椿並縫，用拐搗築，以期堅實。檀木撬摃，係釣撈時水下活石之具，長六七尺，取其便耳。

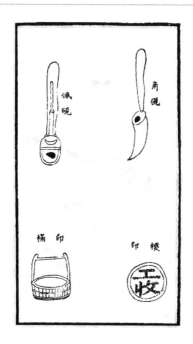

佩硯　角硯　桶印　印梭

驗工器具，除皮灰印、木灰印外，又有梭印，以數寸木板，不拘方圓，編梭作字。印桶，以木爲之，身淺梁高，內貯薄黍、灰土、桐油，以便臨工查收時蓋印記識，即遇雨水不致滌去。又佩硯，或角或銅，均用新棉一小團，飽染墨水，填貯其中，同筆繫帶，爲隨時估收登記之用。

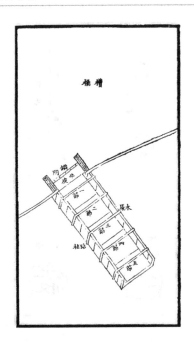

　　槽桶，以木爲之，大桶五節，節長三丈，底寬一丈，牆高三尺。凡安槽桶，先用麻擣油灰艌縫，隔三尺一檔，上用木床，下用底托，兩牆各設站柱，排釘堅固，然後剛隄。先鋪蘆席，上加油布、牛皮，將桶安好，三面用淤土擁護，又取牛皮一張，釘桶口底，上拖出三四尺鋪平，以鐵門壓定，用大釘釘入土坡，兩邊築鉗口壩，方可放水。較量淺深，以次落低，如係積潦，核計水方，扣日可竣。再造槽桶，長短先量隄頂寬窄，庶啟放時不致勾刷坡脚。

卷三 搶護器具

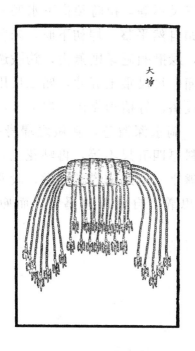

埽，即古之茨防。高自一尺至四尺曰由，自五尺至一丈曰埽。《史記·河渠書》"下淇園之竹以爲楗❶"是也。其貫於埽中而兩頭餘出甚長者，曰揪頭；連埽兩頭所捆者，曰邊戰；連埽外通身皆捆，每離五尺一根者，曰底鈎；埽中段用緷子捆紮者，曰滾肚：皆爲繫埽之繩。逐項有橛，橛長四五尺、五六尺不等。埽名不一，有等埽、邁

---

❶　出自《史記》卷二十九《河渠書》四。引文與原文無異。

埽、肚埽、面埽、套埽、護厓、磨盤、雁翅、鼠尾、蘿蔔之別。又有龍尾埽，伐大柳樹，連梢繫之長堤，根隨水上下，破嚙岸浪，俗名曰掛柳。從鋪、衡鋪，即俗謂丁廂；管心索，即俗謂揪頭繩。其分上下水揪頭者，凡埽下水頭必高上水頭二三尺不等，拉時須從下水頭先拉兩號，然後一齊叫號，兩頭自然平整。埽初下時，未曾得底，繩杙須時時派兵看守，緣揪頭過鬆則無力，鈎戰過緊則發橛。迨埽沉水即行加廂，每尺壓土五寸，廂二尺用騎馬一路，俟埽平水，簽釘長樁，釘樁須靠山、迎上水，不宜陡直，否則防推埽離當。倘水深溜急，新做之埽身輕，難以下墜，每坯必高，廂料厚四五尺不等，再點花土，如已得底，方可用重土按坯盤壓。但此論尋常廂做，設遇脫胎陡蟄，即為搶廂，顧名思義，自當以速為主，而廂做之法，仍不外是。

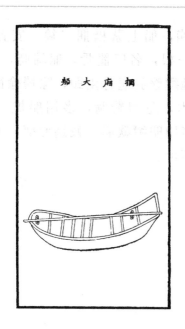

挑庙大船

《方言》："自關而西謂舟爲船，自關而東或謂之舟❶。"劉熙《釋名》："船，循也，循水而行也。"《至正河防記》："賈魯下埽，先排大船二十餘隻，以麻竹束縛，連爲方舟，用竹編笆，夾以草石，立之桅前，名曰水簾，桅復以木揸住，使簾不偃仆。然後選水工便捷者，每船二人，各執斧鑿，以鳴鼓爲號，一時齊鑿，須臾舟穴水入，舟沉遏決，河水怒溢❷。"

❶ 出自《方言》卷十："舟，自關而西謂之船，自關而東或謂之舟，或謂之航。"引文屬間接引用。

❷ 《至正河防記》，元歐陽玄著，不分卷，是根據至正十一年（一三五一年）黃河大規模堵口工程所做的技術總結。至正四年，黃河在白茅及金堤決口北流。至正十一年四月，賈魯開工堵口，十一月完成。歐陽玄向賈魯訪問堵口方略，并咨詢有關人員，查閱施工檔案創作，詳述施工技術和過程。書中的工程實踐代表了十四世紀中國水利科技的成就和水準。《元史·河渠志》等均轉錄全文，有中國水利工程學會《中國水利珍本叢書》本和《叢書集成》本。引文乃摘引，基本意義符合原文所載。

今則用大船捆廂，船上紮稭捆二箇，安置兩頭，名曰龍枕，上臥大木一根，名曰龍骨。廂埽時，將船泊於埽前，用上下水揪頭繩纜繫於龍骨兩頭，除埽徐徐推下而船仍如故。龍骨須大木，急切難購，多用船桅。但此係捆廂正法，近時東河多用兜纜軟廂，較爲便捷，如遇大汛溜急之時，仍非捆船不可。

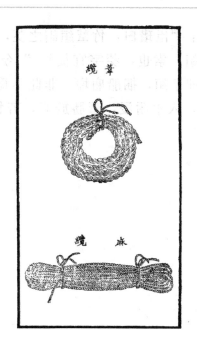

《玉篇》："纜，維舟索也❶。"《物原》："軒轅作綿索，堯作維牽小。"《爾雅》："大者謂之索，小者謂之繩❷。"《纂文❸》："竹索謂之笮。"《漢·溝洫志》云："搴長茭兮

---

❶ 《玉篇·糸部》："纜，維舟也。"又《文選·謝靈運〈登臨海嶠詩〉》："系纜臨江樓。"李善注："纜，維舟索也。"是引文與原文有異。

❷ 《爾雅》中無此條解釋，又《小爾雅·廣器》："大者謂之索，小者謂之繩。"《小爾雅》，訓詁學著作，仿《爾雅》之例，對古書中的詞語進行解釋。《漢書·藝文志》有《小爾雅》一篇，無撰人名氏。《隋書·經籍志》《唐書·藝文志》并載李軌注《小爾雅》一卷，其書久佚，今流傳本爲《孔叢子》第十一篇抄出者。引文當出自《小爾雅》，疑似作者混淆之故。

❸ 書名應作"纂文"，全稱《類纂古文字考》，五卷，明都俞撰。此書以古文爲名，實則取《洪武正韻》之字，以偏旁分類之，部首三百一十四個。每部之中，以字畫多少分前後，較《說文》《玉篇》等便于檢索。其後字書，多用其體例。

湛美玉❶。"注:"臣瓚曰:竹葦組謂之茭,所以引置土石也。師古曰:組,索也,茭字宜從竹。"今河工所用麻纜即綿索,葦纜即葦組,捆船廂埽,非此不爲功。然維持得力,麻勝於葦,入水耐浸,葦勝於麻,若竹纜質硬而脆,用以維舟則宜。

---

❶ 出自《漢書》卷二十九《溝洫志》九:"搴長茭兮湛美玉。"注:"臣瓚曰:竹葦組謂之茭也,所以引置土石也。師古曰:瓚說是也。搴,拔也;組,索也;湛,美玉者,以祭河也。茭字宜從竹。"是引文爲摘引,與原文有異。

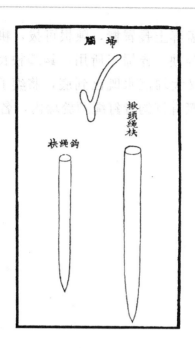

橛，《說文》：“杙也❶。”《爾雅·釋宮》：“橛謂之杙。”
注：“橛也。”蓋直一段之木也。《列子·黃帝篇》：“若橛
株駒。”注：“斷木❷。”《詩·小雅》：“既備乃事”，疏引漢

---

❶ 出自《說文解字·木部》：“橛，弋也。從木，厥聲。一曰門梱也。”
是引文與原文有異。

❷ 列子，戰國前期思想家，是老、莊之外的又一位道家代表人物。其學
本于黃帝、老子，主張清靜無爲。《列子》又名《冲虛經》，是道家重要典籍。
《漢書·藝文志·諸子略·道家類》録有八卷，已佚。今本《列子》八卷，爲
東晉人張湛所輯録增補，共載民間故事、寓言、神話傳說等一百三十四則。
引文出自卷二《黃帝篇》：“若欒株駒。”注：“崔譔曰，欒株駒，斷樹也。”與
原文有異。

《農書》云："孟春土長冒橛，陳根可拔，耕者急發❶。"如
揪頭繩、鈎繩等杕，皆埽工所用，鈎繩杕長四五尺，揪頭
杕長五六尺。又大埽沉水既已到底，將緧子頭用小繩挽結
緊實，再用柳橛有倒鈎者釘繩頭於埽內，名曰埽腦。

❶　出自《詩·小雅·大田》："大田多稼，既種既戒，既備乃事。"下文
所云《農書》，據鄭玄注《禮記·月令》孟春之月"草木萌動"，又云："此陽
氣蒸達，可耕之候也。《農書》曰：'土長冒橛，陳根可拔，耕者急發。'"孔
穎達疏謂："鄭所引《農書》，先師以爲《氾勝之書》也。"當是也。然據《氾
勝之書·耕田》："立春後，土塊散，上沒橛，陳根可拔。"二者又異，因今所
見《氾勝之書》爲輯錄，疑爲據意義轉錄，姑皆備于此。

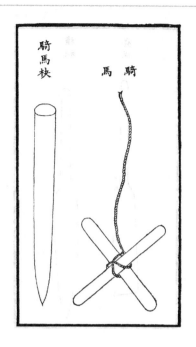

騎馬，以二木釘成十字，長四五尺，有一騎馬，必有一纜一秧，是以騎秧爲一副。廂埽一坯，須用騎馬一路，恐埽往前游，釘秧摟住則埽穩固矣。《説文》："騎，跨馬也。"《逸雅》："騎，支也，兩脚支別也❶。"以一木跨於一木之上，而脚支別，故曰騎馬。

---

❶　出自《釋名·釋姿容》："騎，支也，兩脚枝別也。"引文"支別"與原文"枝別"爲通用異體字。

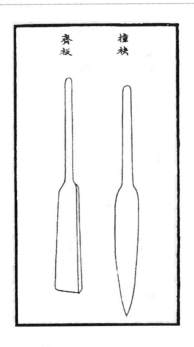

《説文》：“撞，扟擣也。”“扟，持也，象手有所扟據也，讀若戟❶。”“擣，手椎也❷。”壩臺土頭結實，須用撞橛先撞成穴，則鈎杴、揪頭橛易於深入矣。齊板，一名邊棍，廂工堆料所用，一恐埽眉參差不齊，一恐料垛凹凸不平，用此拍打，以期一律。《玉篇》：“齊，整也。”故名之曰齊板。

---

❶　出自《説文解字・手部》：“撞，扟擣也。從手，童聲。”引文“扟”字作“扟”。按《説文解字・扟部》：“扟，持也，象手有所扟據也。凡扟之屬皆從扟，讀若戟。”《説文解字・飞部》：“飞，疾飛也，從飛而羽不見。凡飞之屬皆從飞。”由此，“扟擣”“扟擣”二詞似均可，二者之區別，姑備于此。

❷　《説文解字・手部》：“擣，手推也。一曰築也。”又：《説文系傳・手部》《玉篇・手部》引《説文》均作“擣，手椎也”，似“推”“椎”二字可通用，姑備于此。

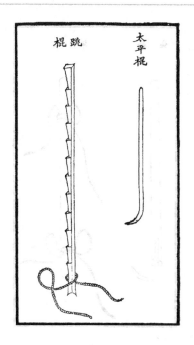

太平棍，約長三尺，下帶彎拐。新做之埽，層柴層
土，按坯加廂，每廂一坯，繩隨埽下，拴杙之結徐徐鬆放，
此棍用以挑鬆結繢，埽因之而得底。俗名曰開棍，因有避
忌，以此名之。又有跳棍，一名挑桿，擇堅勁之木爲之，
圍圓一尺四五寸，長八九尺至一丈以外，面刻梯級，便於
上下踮踏；梢刻月牙，便於加勁拴繩，起擰故杙。凡起杙
均在埽段穩定以後，杙眼務填補堅實。《説文》：“跳，躍
也❶。”《六書故》：“大爲躍，小爲踊。躍去其所，踊不離其
所❷。”使故杙躍然以去其所，則非跳棍不爲功。

───────────

❶　出自《説文解字·足部》：“跳，蹶也。從足，兆聲。一曰躍也。”引文
當係摘引。

❷　出自《六書故》卷十六：“躍，戈灼切，跳也。大爲躍，小爲踊，躍去
其所，踊不離其所。”此處爲摘引原文。

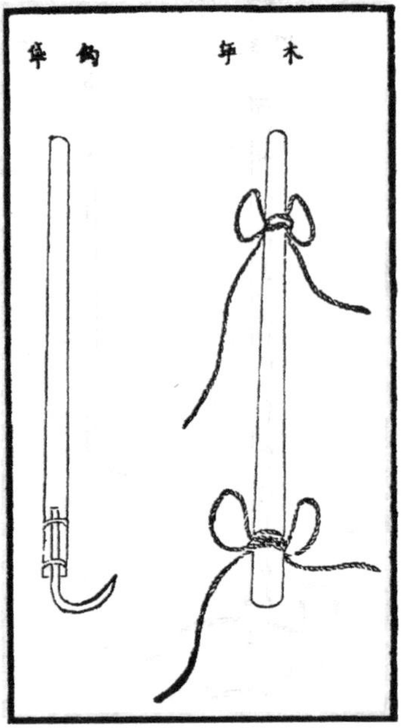

《字彙》："屋斜用龺。又以木石遮水，亦曰龺。"木龺，一名龺桿，埽至河涯，人不得力，須用木龺。視埽長短，每埽檔長一尺，用行繩一條，每行繩兩條，中用龺木一根，前以繩拉，後以木龺，埽箇方能捲緊行速，凡撑枕撑船皆須用之。木龺或用楊椿，或用長大杉木均可，近時購材爲難，多以大船二桅代之。又有鈎龺，専用以啓閘板，每根長三丈六尺，圍圓一尺二三寸，其下鐵鈎曲長二尺許，寬二寸，束以鐵箍二道。

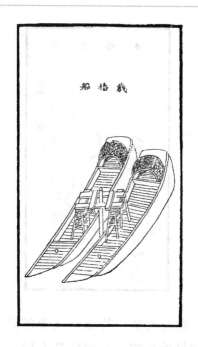

　　戧椿，爲下埽栓繫揪頭纜之用，所關最重。黃河隄壩寬厚，地尚易擇。惟洪湖下埽，兩面皆水，必須選長大椿木簽釘湖心，以爲根本。而水深浪急，顛簸不定，簽釘甚難。其法：用船二隻，首尾聯以鐵鍊，每船設高欖一具，上搭蹉板，中留空檔安置戧椿，選椿手攜硪登板，逐漸打下，較準水深，以入土丈餘爲度。

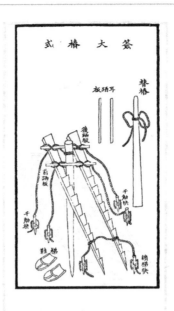

下埽穩固，應簽大椿。若壩臺鋪柴多椿木撐起，兵在上面打椿，恐新埽易致落空，必用梯鞋方穩，否則梯尖插入埽臺，急難復退，椿受傷，人落河矣。軟壩臺尤其非此不可。椿維楊木可用，其性綿；杉木性脆，斷乎不可。梯前後必用踘板，左右有耳，踘板可以容人足。管定椿木，四面用千觔枋鎖緊，椿木以鎖梯枋鎖住梯腳。梯鞋刓木肖鞋形，以承梯腳。戴侗《六書故》：「今人以履無踵，直曳之者爲靸。」《中華古今注》：「靸鞋，蓋古之履也。秦始皇常靸望仙鞋，以對隱逸求神仙❶。」梯鞋，古之靸鞋式也，但此係河工舊制，自乾隆

---

❶ 《中華古今注》，三卷。作者五代馬縞，唐末以明經及第，又舉拔萃科，入五代在後梁爲太常修撰、太常少卿等官。本書以考證名物制度爲主，體例與崔豹《古今注》大致相同，部分內容重複。版本甚多，主要有《百川學海》《古今逸史》《說郛》《叢書集成初編》《古今逸史》諸本。《中華古今注》卷中：「靸鞋。蓋古之履也。秦始皇常靸望仙鞋，衣叢雲短褐，以對隱逸求神仙。至梁天監年中，武帝解脫靸鞋，以絲爲之，今天子所履也。」引文爲摘引。

三十六年以後概不簽椿，緣椿木極長五六丈，大河埽前水深，每至四五丈，加以埽高水面二丈，計高深六七丈，埽心簽椿斷難入土，即或水淺之工，入土亦不過丈許，埽大椿淺，何能屹立？倘埽一蟄動，椿鯁於中，轉難加廂搶壓，實屬無益。惟尋常淺水，河身形如鍋底，埽工游蟄不止者，得此自臻穩固。

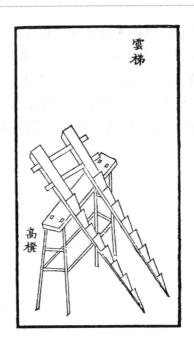

《事物紺珠》："梯，木階，軒轅制❶。"《續事始》："雲
梯，魯人公輸般造❷。"《毛詩注》："鈎援，鈎梯也。所以
鈎引上城，即雲梯也❸。"雲梯，打樁所用。梯之高矮視樁
之長短爲率，約在三丈以外。梯用二木鋸級，兩人並上，
謂之雲梯，亦猶通天臺上之通天梯，《太白陰經》之飛
梯❹，言其高而已。橙，《正韻》："音凳，几屬。"《晉書·

❶　《事物紺珠》，四十一卷，明黃一正編。此書成于萬曆年間，《明史·
藝文志》著錄四十六卷，實則爲四十六目。《四庫全書總目提要》稱其"所錄
典故，率割裂餖飣，又概不著原書之名，是雖杜撰以盈卷帙亦莫得而稽矣"。

❷　《續事始》，五代時期馮鑒著。

❸　《詩傳大全》卷十六："鈎援，鈎梯也，所以鈎引上城，所謂雲梯者
也。"此句引文在《詩經》的不少注釋本中均有出現。

❹　《太白陰經》卷四《戰攻具篇·攻城具篇》中有"飛雲梯"，似即引文
中之"飛梯"。

王獻之傳》："魏凌雲殿榜未題，匠人誤釘不可下，使韋仲將懸檻書之❶。"雲梯不用時以高檻架起，將草覆蓋，恐日久朽爛，用時人夫受傷耳。

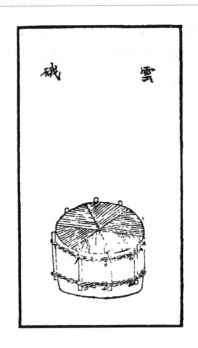

雲硪，鑿石如礎，厚數寸，比地硪輕一二十觔，打硪兵夫用十二名，硪肘雞腿俱用雜木，全恃盤硪之人盤得結實。硪夫在梯上用以簽樁，樁高則硪自空而下，有似雲落，故曰雲。《説文》：“硪，石巖也。”《玉篇》：“砐硪，山高貌❶。”郭璞《江賦》：“陽侯砐硪以岸起。”注：“砐硪，搖動貌❷。”未聞用以名物，顧硪夫舉硪，聲揚則力齊，其音類莪，稱之曰硪，殆六書所謂諧聲者乎！

---

❶ 出自《玉篇·石部》：“硪，砐硪，山高皃。”“皃”即“貌”的通用異體字。

❷ 《江賦》是東晉著名學者、文學家郭璞的辭賦代表作品之一，收入《文選》（即《昭明文選》）卷十四。“注”指唐代李善爲《文選》所做的注。李善開創了“文選學”，他對《文選》作的注，是文選學史上無與倫比的權威著作，徵引繁富，多後人未見之書，于語源及典故之注釋，極爲詳盡。

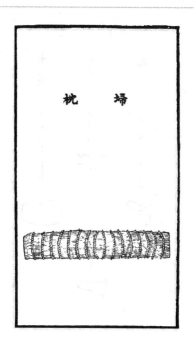

枕垛

　枕長數丈至十丈許不等，大垛上面所用，先用小繩挽住後尾，再用木簽在枕上一路實釘，然後在裏面加土，即遇大汛盛漲，水上垛面，能收淤閉之效。又漫灘水抵堤根，過於寬深，堤爪恐有風浪汕刷之虞，應先紮枕備防，臨期將枕推入水中，用小木簽釘住，使水流少緩，亦必停淤矣。《禮記·少儀篇》穎注："穎，警枕也。"謂之穎者，穎然警悟也。攔土而曰枕，其有先事預防之警歟！

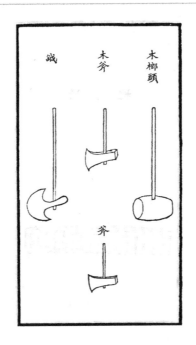

　　《逸雅》："斧，甫也；甫，始也。凡將制器，始用斧伐木，已乃制之也。"木斧者，鎖椿之物，倘各繩鬆緊不一，用木斧在椿上捶打緊湊，恐用鐵斧致傷各繩之故。木榔頭，打埽上小木簽、擺枼用之。斧，即鐵斧。鉞，即大柄斧。椿手均須預備，凡埽上繩纜有不妥之處，用以斬截甚利。

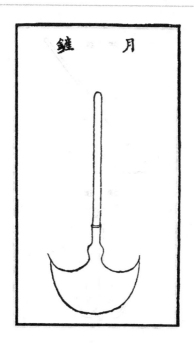

《古史考》：“公輸般作鏟。”《説文》：“鏟，平鐵❶。”
《博雅》：“籤謂之鏟❷。”木華《海賦》：“鏟臨厓之阜陸❸。”
杜甫詩：“意欲鏟疊嶂❹。”鐵首木身，形如半月，凡舊埽、
舊樁、樹根盤踞、埽眉不齊，皆用之。

---

❶　出自《説文解字·金部》：“鏟，鏶也。一曰平鐵。從金，産聲。”

❷　《博雅》，即《廣雅》，三國魏張揖撰。隋代避煬帝諱，改爲《博雅》。

❸　木華，字玄虚，廣川人，《海賦》出自《文選》卷十二：“於是乎禹
也，乃鏟臨崖之阜陸，決陂潢而相浚。”引文中“厓”同“崖”。

❹　出自《全唐詩》卷二百十八杜甫《劍門》：“吾將罪真宰，意欲鏟疊嶂。”

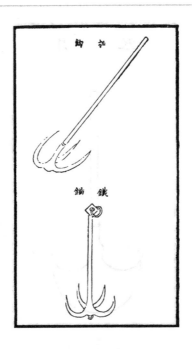

《韻會》：“古兵有鈎有鑲，皆劍屬。引來曰鈎，推去曰鑲。”純鈎，劍也；吳鈎，刀也；刈鈎，鐮也。鈎之名不一，鈎之用亦各不同。抓鈎，係拆廂舊埽所用。《博雅》：“抓，搔也。又摺也。”三股內向，如搔手然，故名。《俗書刊誤》：“船上鐵貓曰錨❶。”其製：尾叉四角向上，首戴鐶，以鐵索貫之，投入水中，使船不動。河工廂埽每遇水深溜急，提腦不得餃椿，用錨掛纜，謂之神仙提腦。

---

❶ 《俗書刊誤》，十二卷，明焦竑撰。該書是一部旨在規範當時社會用字、辨正文字的字書，其內容包羅萬象，具有較高的價值。《四庫全書總目提要》稱：“其辨最詳，而又非不可施用之僻論，愈於拘泥篆文，不分字體者多矣。”引文出自《俗書刊誤》卷十一：“船上拏泥鐵器曰錨。”是二者有出入。

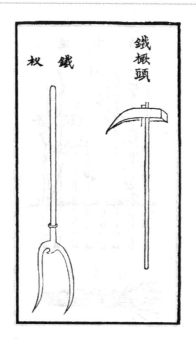

　　鐵鍁頭，一名斫劚，鋤屬，鍁之爲言，掘也，持以刨
挖凍土。《物原》："神農作鉏耨以墾草莽，然後五穀興。"
則鋤葢神農造也。鐵杈，《説文》："杈，枝也。"徐曰：
"岐枝木也❶。"木幹鐵首，二其股者，利如戈戟，叉軟草、
填埽眼、挑碎稭用之。

---

　　❶　《説文解字·木部》："杈，枝也。從木，叉聲。"又徐鍇《説文解字系
傳》："杈，岐枝木，亦可以撑船，亦以刺魚。"引文中"徐曰"即指徐鍇。

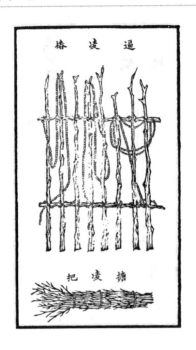

上游冰凌隨水而下，謂之淌凌，或大如山，或小如盤。其性甚利，埽段遇之，最易擦損，則用丈餘長木排護，迎溜埽前，名逼凌椿。又用細木二三根縶把排於拖溜埽前，名搪凌把。倘逢溜急凌大之時，椿把以外仍加大柳樹，以粗鐵鍊繫之，名臥椿，以作重衛。惟是排椿之法，必須先將下節用蘇纜連鐶扣住，然後入水，再於上埽生根用細鍊扣緊，庶幾冰凌過時不致擠動，仍擦埽眉。又凌鋒利，能截木，必用毛竹片或鐵片密釘椿木迎水一面，方免此患。

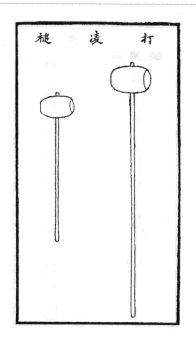

打 凌 槌

《禮記》："孟冬之月，水始冰，地始凍。""仲冬之月，冰益壯。""季冬，冰方盛。水澤腹堅，命取冰。"冰以入，則鑿冰宜急矣。鎚，有石，有鐵，有木。《説文》："硾，擣也。"《吕氏春秋》："硾之以石❶。"此石鎚也。《抱朴子·僊藥卷》："以鐵鎚鍛數千下❷。"此鐵鎚也。《魏書·宋崇傳》："雙槌亂擊。"此木鎚也。皆可用以打凌者，而柳根尤佳，緣冰由寒結，非陽和不能疏其氣，柳性暖，發榮最早，根大而重，用以鑿冰，有相悦而解之義。

---

❶ 《吕氏春秋》卷四《孟夏紀第四》："是拯溺而硾之以石也，是救病而飲之以堇也。"

❷ 《抱朴子·內篇》卷十一《仙藥》："〔風生獸〕以鐵鎚鍛其頭數十下乃死，死而張其口以向風，須臾便活而起走，以石上草蒲塞其鼻即死。"是引文爲摘引，其中"十"與"千"有異。

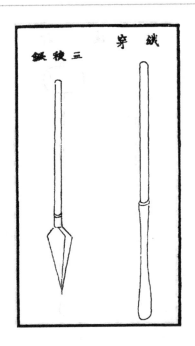

鐵穿，其式兩頭似戈而寬大，中挺圓，又有橛形三
稜，均以堅木爲柄，約長七八尺至一丈，此船上用者。
《易》曰："履霜堅冰，陰始凝也。馴致其道，至堅冰也。"
大河水溜不易結冰，冰至於堅，非鑿不可，苟器勿備，其
何以"鑿冰沖沖❶"？故鎚之外，又有穿。《説文》："穿，
通也，穴也❷。"夫然後冰可以斬矣。

---

❶ 出自《詩·豳風·七月》："二之日鑿冰衝衝，三之日納于凌陰。"
❷ 《説文解字·穴部》："穿，通也。從牙在穴中。"《玉篇·穴部》："穿，
穴也。"是《説文解字》中并無"穴也"之義，疑似作者混淆所致。

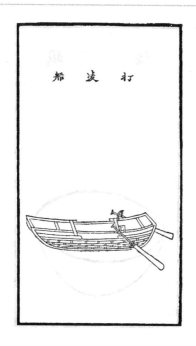

打 凌 船

《風俗通》："積冰曰凌，冰壯曰凍，水流曰澌，冰解
曰泮❶。"河工向有凌汛，當冬至前後，天氣偶和，凌塊滿
河，擦損埽眉，其病尚小，所慮忽值嚴寒，凡河身淺窄灣
曲之處，冰凌壅積，竟至河流涓滴不能下注，水勢陡長，
急須搶築，而地凍堅實，簣土難求，每易失事。所以必須
多備打凌器具，分撥兵夫，駕淺如艑艖、小如舴艋之舟，
各攜器具，上下往來以鑿之。但船底須用竹片釘滿，凌遇
竹格格不相入，庶幾可以禦之。

---

❶ 全名《風俗通義》，漢唐人多引作《風俗通》，東漢應劭著。原書三十
卷、附錄一卷，今僅存十卷。該書考論典禮類《白虎通》，糾正流俗類《論
衡》，記錄了大量的神話異聞，但作者加上了自己的評議，從而成爲研究古代
風俗和鬼神崇拜的重要文獻。引文在《風俗通義》中未檢索到，此處存疑。

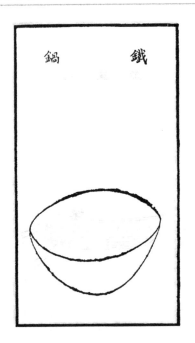

鐵　鍋

《玉篇》：“鍋，盛膏器。”揚子《方言》：“自關而西，盛膏者乃謂之鍋。”《正字通》：“俗謂釜爲鍋。”凡遇河水盛漲漫灘時，大堤裏面忽然過水，名曰“走漏”，見有旋窩處，即是進水之穴。蛟龍畏鐵，急以鐵鍋扣住，然後壅土，自可化險爲平。

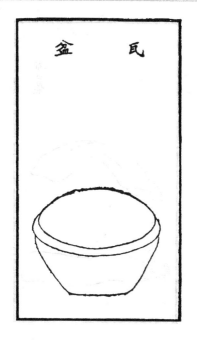

　　《考工記》："盆，實二鬴，厚半寸，唇寸。"《禮記》："竈者，老婦之祭也，盛於盆，尊於缾。"然盆有金、有銅、有錫、有鐵、有石、有瓷，至於瓦盆乃缶也。《易》："有孚盈缶。"《漢·五行志》："穿井得土缶。"師古注："缶，盎也，即今之盆。"《爾雅》："盎謂之缶。"郭璞注："盆也。"邢昺疏："缶是瓦器，可以節樂。"《地志》：廣陵龍潭寺僧得古瓦盆，貯粟菽少許，經夕輒充牣其中，謂爲水宮神物，仍投諸潭中云[1]。今堡房例備二具，平時用以盛米、盛水，急時以之堵漏，其用與鐵鍋同。

---

　　[1]　此處引文中《地志》未知是何書，查《錢神志》卷六引《地理志》，與引文同，但亦未注明爲何書。

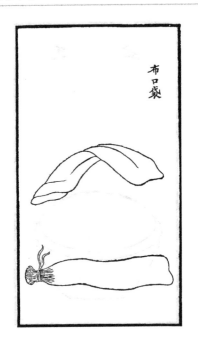

　　《玉篇》："袋，囊屬。"魚袋、照袋、錦縹袋、藻豆袋、算袋，皆古人攜貯什物之具。若今之布口袋，即古有底之囊也。凡遇漫灘走漏時，其進水之穴形勢斜長，非鍋盆所能扣住者，急將口袋裝土，兩人擡下，隨勢堵塞，即可閉氣，然後從容齊集兵夫，夯硪填墊，自保無虞。但袋中土不可裝滿，以六分爲度。

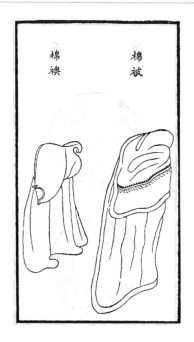

　　《物原》：“神農作被，伊尹作襖。”《釋名》：“被，被也，被覆人也。”《身章撮要》：“大被曰衾，單被曰裯❶。”宋子京詩：“春寒到被池。❷”田藝衡《留青日札》：“今之色被，橫其臥邊緣，幅作異色，曰‘當頭’，當，去聲，即古之被池遺製❸。”《南史》，宋武帝微時，有衲衣布襖，既貴，與公主曰：“後有驕奢不節者，以此示之。”當大河盛漲時，大隄走漏，穴小用棉襖，如穴大且曲，必需棉被。堵塞之法，與布口袋同。

---

　　❶　《身章撮要》，《四庫全書》未載此書，然多有引用此書內容者，此處暫存疑。

　　❷　宋子京，即宋祁，此處詩句出自《句》其八。

　　❸　《留青日札》，明田藝蘅撰，三十九卷，雜記明朝社會風俗、藝林掌故，零星記及政治經濟、冠服飲食、豪富中官之貪瀆、鄉村農民之生活，以及劉六、劉七、白蓮教馬祖師之起事情形，頗有資料價值。

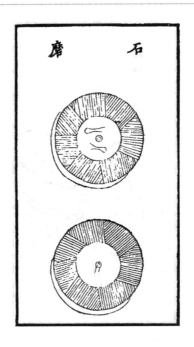

　　《説文》："磨，石磑也。"《僧園逸記》："都下寺院，
每用歳除鍛磨，是日作鍛磨齋❶。"《稗史類編》：《後漢書》
云，崔亮在雍州，讀《杜預傳》，見其爲八磨，嘉其有濟
時用❷。凡遇大汛，水漲溜激，挂柳護堤，非石磨不足以
墜柳株，久之上淤，磨沉泥內，掘出仍可用。再凌汛時水
澤腹堅，一時難解，用繩繫磨鑿冰，亦以剛克剛之義也。

----

　　❶　《僧園逸記》，出《古今類傳》，未知其詳細情況，此處待考。
　　❷　《稗史類編》，王圻著。此處引文中，并非出自《後漢書》，疑作者混
淆所致。崔亮事見《魏書》或《北史》。

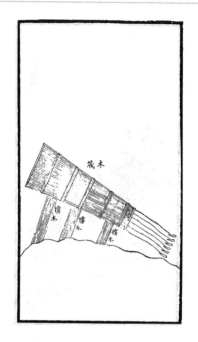

　　《方言》：“汴謂之簰，簰謂之筏。”註：“木曰簰，竹曰筏，小筏曰汴。”木筏又名木把，係紮杉木製成。凡工頭工尾淤閉舊埽，忽爾溜到，築壩不及，趕紮木筏攩護，後安撐木，以順溜勢。再漫水上灘，攔截串溝，及壩工搜後，均可用此。其紮法：每筏用木一二層，長寬丈尺隨時酌定。

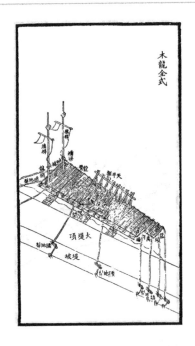

　　木龍之制，創始於宋。按史載，天禧五年，陳堯佐知滑州，以西北水壞，城無外禦，築隄疊埽於城北，復就鑿橫木，下垂木數條，置水旁以護岸，謂之木龍。元賈魯塞北河口，亦曾用之，而其法初不傳。我朝乾隆初年，陶莊漲灘，屢挑不成，河督高文定公用州同李昞所獻圖議，照法試辦，立見成效。高宗南巡閱視，製詩獎勵。今南河有《木龍成規》一冊，李昞所刊❶。又外南營額設鈎手，專備編縶木龍之用。

----

　　❶ 《木龍成規》，收入乾隆時編撰的《木龍書》，李昞刊刻。該書大約成書并刊刻於乾隆十六年南巡前後，包括"恭迎聖駕南巡詩""木龍頌""木龍圖説""木龍成規""木龍紀略"，前有"乾隆御制木龍詩"，後有"題詠"及"跋"。其中"木龍圖説"和"木龍成規"是該書的主體，對木龍各構件的尺寸、用料、編扎方式等都有詳細的規定，是研究木龍形制的基礎。

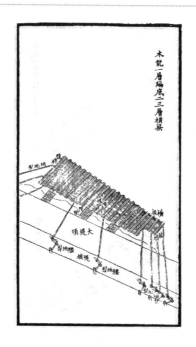

木龍，每長十丈，寬一丈，九層，得單長九十丈。其第一層密編縱木爲底，每排用木十三根，共計七排，仍於中心酌留空檔，以備插障安戧。其二三層橫梁，每道用木六根，雙層疊紮，均用犁頭、竹纜兜縮，下層縱木每間二根，交股順去疊回編紮。陞關爲牮龍挑溜之用。其第一層亦用縱木，每排十根，計五挑。二層亦用橫梁，每道用木二段。三、四層各用直梁一，長十丈，亦用七節。扣纜等法則，均如紮龍式樣，惟祇四層耳。

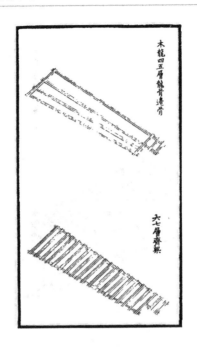

木龍四五層龍骨邊骨

六七層齊梁

　　木龍第四、五層，曰龍骨，用木六根；曰邊骨，用木四根。均疊作雙層，每節長一丈五尺，計七節，餘稍連搭，次節先用連半竹纜雙行箍紮，又用纜兜縮下層橫梁，其龍身寬長者，另用行江大竹纜絞三爲一，名曰"龍筋"，每層各加二條，節節扣緊。其第六、七層仍用橫梁，紮法如二、三層，一曰"齊梁"。

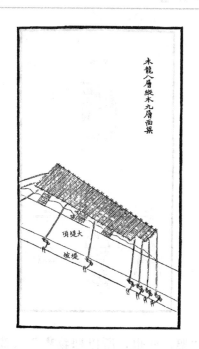

木龍第八層如第一層，用縱木，惟在水面不比底層搪溜，衹須六排。第九層仍用橫梁，一名"面梁"，每道用木二根，以操把竹纜貫過八層縱木，扣住六七層橫梁，交股編紮。

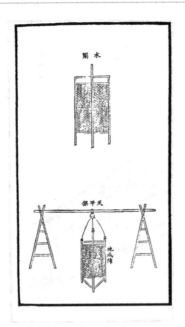

　　《類篇》："架，杙也，所以舉物❶。"《説文》："障，隔
也。"天平架，每座用直木二，橫木一，左右架木仍各繫橫擔
木三，以便人夫上下。地成障，中柄長二丈一尺，邊木長一
丈八尺，上、中、下橫擔木各長一丈，下用交叉小木，中編
竹片，從龍身空檔插下，用截河底之溜，所以溜緩沙淤，化
險爲平。又有水閘，一名水攔，其法與編障相仿，但直木俱
用鋭首。障則施於大溜，懸出龍底，使之不激；閘則用於餘
溜，插入河底，使之截流。用雖少異，功實相侔也。

─────────────

　　❶　《類篇》卷十七，與《集韻》同時編成。此二書均由仁宗命丁度、宋祁等
修纂，英宗治平四年同爲司馬光編定成書。《集韻》按韻編字，《類篇》按部首編
字，兩書相輔而行。《類篇》依據《説文解字》分爲十四篇，又目録一篇，共十五
篇。每篇又各分上、中、下，合爲四十五卷。全書的部首爲五百四十部，與《説
文解字》相同，部首排列的次序變動也很少，是直接承接《説文解字》和《玉篇》
的一部字書。所收字數三萬一千三百十九字，比原本《玉篇》增多一倍。

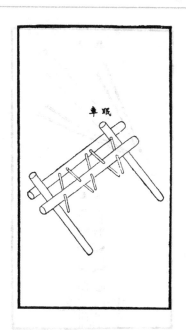

眠車

眠車，爲升龍之用，每部長三丈，需用四尺四楓木，每間二尺鑿通交叉圓孔，仍留空處繫纜，扣緊牮木，頂住升關，兩頭用枕木二攔住，再用橫木一根墊起枕木，使前高後低，然後用八尺長檀木棍絞車向前推轉，加緊收纜，則龍身自出，挑溜用力較省。

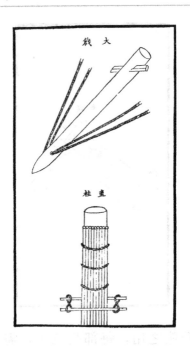

直柱，爲龍身內繫纜要具，需用三尺八松木，長二
丈，下用翦木二根扣緊兩旁，用木九根圍抱排擠，以竹纜
三扣箍紮豎於龍身底層，仍於縱橫各木層層擠緊，至出龍
面，再用尺二抱木加纜箍定，用以扣繫大纜，方能堅固。
大戧，用四尺二松木，長四丈五尺，銳首象眼，貫以行江
大竹纜二條楔緊，以便挽住股車，易於起下。其戧上方眼
橫木，係備安戧時繫纜豎立之用。

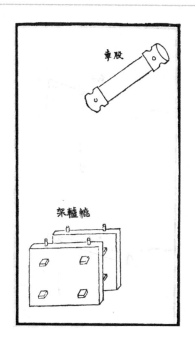

　　《周禮·考工記》："輪人叁分其股圍。"註："股，近
轂者也。"股車之制，長五尺五寸，兩頭各留七寸五分，
鑿交叉圓孔二，中四尺，細二寸，擱於轆轤架上穩子之
內，將大餞所繫之纜挽於車身，用人把住纜頭，用檀棍插
入圓孔，輪轉餞隨，纜起升篗，定位縱纜，下餞直貫河
底，穩住木龍，安餞後用以起下，殊省人力。至轆轤架，
其式每架用松板二，長五尺，寬一尺三寸，厚三寸，兩頭
上下各鑿方眼二，另用五尺長松枋四根，插入眼內楔緊套
住大餞，仍於架板邊上兩頭各鑿一寸二分圓孔，加檀木穩
子夾住股車，使可旋轉而不旁出。

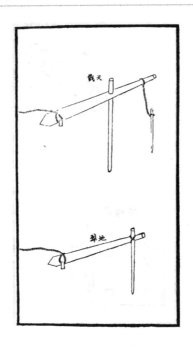

　　天戧、地犁，均爲扣帶繫龍大纜之用。天戧，以二尺
四木爲之，長二丈，大頭小尾銳首，旁加管楔，平斜入地
五尺。地犁，以二尺一木爲之，長一丈八尺，做法仿前，
斜插入地四尺，犁尾釘青椿一，戧則腰尾各簽一椿，用纜
穩住，使不搖動。

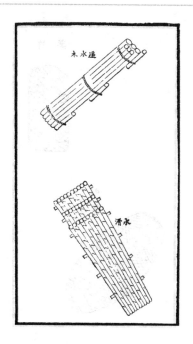

　　《周禮》疏："滑，通利往來。"冰滑，每排以毛竹十，雙層併疊，每三排以大竹劈片貫串編成。凡安木龍多在霜後，大河冰凌下注，簦纜最易擦損，置此龍旁，以爲外護。又有逼水木，其制用尺二木六段，長一丈，疊絷三層，側攩龍身外邊，使大溜不能衝入，故名逼水。

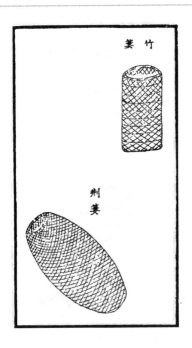

《集韻》：“簍，竹籠也。”《急就篇》註：“簍者，疏目之籠，言其孔樓樓然也。”或長或圓，形製不同，或竹或荆，質地不一。河工用以滿貯碎石，爲護埽壅水之用，排砌成壩者，亦名竹絡壩。

136

卷四 儲備器具

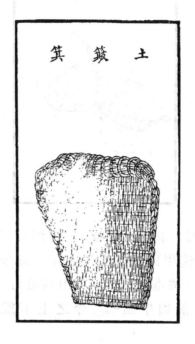

土簸箕

《篇海》："箕，簸箕，揚米去糠之具。"《方言》："陳、魏、宋、楚之間謂之籮，陳、宋、楚、魏之間謂筲、謂籯。"《詩》云："成是南箕。"箕四星，二爲踵，二爲舌，踵在上，舌在下，踵狹而舌廣；又："維南有箕，載翕其舌❶。"故箕皆有舌，易播物也。諺云："箕星好風，謂主簸揚。"農家用以揚糠，工次則用以盛土，南竹北柳，其制不同，其用一也。

---

❶ 此兩處分別出自《詩經‧小雅‧巷伯》《詩經‧小雅‧大東》。

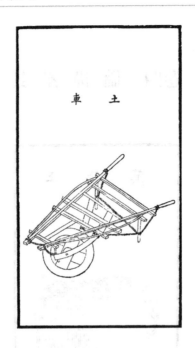

土車，獨輪，料、土兼載。《稗編》："蜀相諸葛亮出征，始造木牛流馬以運餉❶。"木牛，即今小車之有前轅者，流馬，即今獨推者是。《後山談叢》："蜀中有小車，獨推載八石，前如牛頭❷。"今之土車獨推，猶存諸葛遺制。

---

❶ 《稗編》，疑即《稗史類編》，明代王圻著。

❷ 《後山談叢》，六卷，著者宋代陳師道，別號後山居士，彭城人。哲宗時，曾任徐州教授，後歷任太學博士等。一生安貧樂道，是蘇門六君子之一，江西詩派重要作家。該書雜載宋代政事、邊防，朝野瑣聞，文人軼事，略有失實，但可作研究宋代文學的參考資料。現有《寶顏堂秘笈》《學海類編》本等。引文出自卷四。

　　《晉書》：“天船九星，一曰舟星，所以濟不通。”
《易·繫詞》：“伏羲氏刳木爲舟。”《物原》：“顓頊作槳、
作篙，帝嚳作櫓、作柁，夏禹加以篷、碇、帆、檣，蓋至
是而行舟之具大備。”後世因之，制度不一，而工次轉運
料物，則以條船爲最。

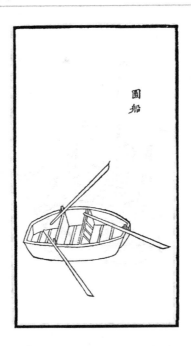

圓
船

　　大河中又有圓船，效鷁製帆，象龜創櫓，隨中泓大溜
旋轉便利，惟宜於順流而下，滯於溯流而上，且不任滿
載，終不若條船之適用也。

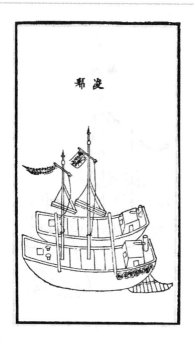

浚船

　　浚船，康熙間靳文襄公爲疏濬海口而設，旋因無效，撥給各廳運料。逮乾隆八年，白莊恪公請復試行，仍無效。二十四年，乃設船務營，統歸管轄，裝運蕩柴。定制分大、中、小三號，大者長四丈二尺，中寬七尺六寸，艙深三尺二寸；中者長三丈九尺，中寬七尺，艙深三尺；小者長三丈六尺，中寬六尺五寸，艙深二尺七寸。其行以兩隻相並，俗謂一幫。按：《爾雅》：「維舟，方舟。」注：「連四船曰維，併兩船曰方。」幫與方音同，殆傳訛爾。

柳船，定制長八丈，中寬一丈六尺，艙深五尺。按船務營原設浚石船七百三十二隻，配成三百六十六幫，嗣因易於風損。道光八年，經張芥航河帥奏明，分年改四爲一，應成一百八十三隻，連舊額柳船十六隻，添造一隻，共成二百，分隸左、右兩汛，計至十六年以後無浚船矣。至柳字之義，俗謂用以運柳，故名。按《漢書》服虔曰："東郡謂廣轍車爲柳。"又李奇曰："大牛車爲柳。"則柳蓋訓大爾。

142

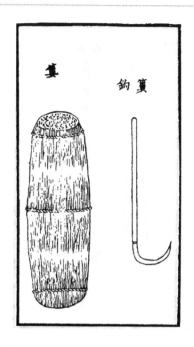

　　柴簍，爲柳船承柴之用。簍鈎，爲捆紮柴簍之用。其
法，先以上茂葦柴捆紮成簍，二人上船持鈎鈎定，貼緊船
幫，用纜跨繫，使兩面相平，然後用柴層層勾搭，狀比魚
鱗，堆積如山，雖遇風浪，船行穩重，不致脱卸。至用簍
多寡，以柴長短爲準，每邊或六節、或八節俱可。簍鈎則
鍛鐵爲首，灣長尺餘，受以木柄，約長二尺。

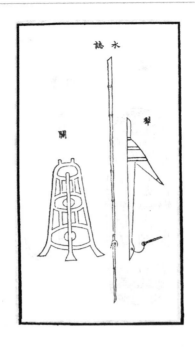

　　《物原》："遂人以匏濟水，伏羲乘桴，軒轅作舟楫，顓頊作槳、作篙，帝嚳作舵、作櫓，堯作維牽，大禹加以篷、碇、帆、檣，行具大備。"後又增以鐵錨、舭板、招杆等器，近時又增二具，曰犁、曰關。凡遇風逆溜激，牽挽不能得力，上水設關絞行，下水安犁留拽，甚便。至運關之木，人各一根，名曰關翅。安關之所用土堅築，名曰關盤，一名升關壩。又水誌，以竹爲之，長二丈，凡軍船入境勾水尺寸既定，則就其處紮棕爲誌，持以量船即知輕重，持以探水即知淺深，亦駕馭之要具也。

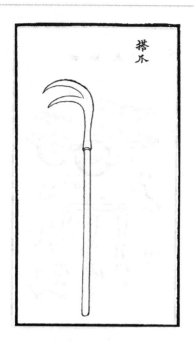

搭爪，煅鐵如彎爪形，受以木柄，通長尺許，用如爪之搭物，故曰搭爪。料車到工，或擲以下車，或積以成垛，日以萬計，速於手挈。

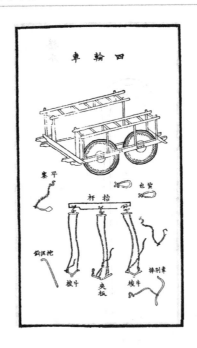

四輪車，即任載之牛車，縛軶以駕牛者，工次用以載
稭料，俗謂之料車是也，而什物行李亦以此裝運往來。
《物原》："少昊制牛車，奚仲制馬車。"《稗編》："漢初馬
少，天子且不能具純駟，將相或乘牛車。"晉王導之短轅
犢車，王濟之八百里駮，石崇之牛疾奔，人不能追，皆牛
車也。今惟四輪車駕牛，間有牛馬兼用，若乘車則無駕牛
者矣。

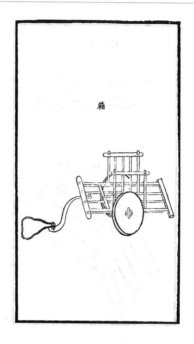

箱，俗名板轂車，即古之行澤車也。《詩》云：“乃求萬斯箱。”又云：“睆彼牽牛，不以服箱❶。”《周禮·車人》：“行澤者反輮。”又：“行澤者欲短轂。”《農書》：“板轂車，其輪用厚濶板木相嵌斲成圓象，就留短轂，無有輻也。泥淖中易於行轉，了不沾塞。”“獨轅著地，如犁托之狀，上有橛以擐牛軞綮索，上下坡坂，絕無軒輊之患。”王禎《咏箱詩》：“下澤名車異爾輈，服箱原自有耕牛。雙輪不輻還成轂，獨木非轅類作輈。”今河灘農家尚有此車，爲衝泥裝運料石之用。

---

❶ 此兩處分別出自《詩經·小雅·甫田》、《詩經·小雅·大東》。

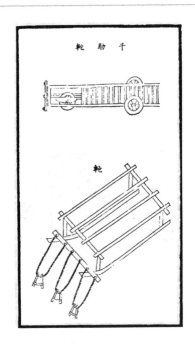

　　《玉篇》："鼉，疾馳也。"今南河有鼉車，狀如車盤而無輪，其行頗速，專備淤地轉運柴料之用。蓋淤地有輪必陷，負重難行，此則以繩爲轅，駕牛三頭，車盤下用欄杆架起，祇以二木貼地平拉，無前軒後輕之患，故易爲力。又有千觔鼉，其製三輪，堅木爲之，每旱運大石料，多用此具。

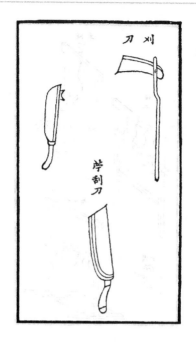

《農書》："刈刀，穫麻刃也，兩刃但用鐮柯旋插其刃，俯身控刈。""刮刀，刮苧皮刃也，鍛鐵爲之，長三寸許，捲成槽，內插短柄，兩刃向上，以鈍爲用，仰置手中，將苧皮橫覆於上，以大指按而刮之，苧膚即蜕。"近有一式，刀首鑄鈎，形如偃月，亦刮苧用。按江南種麻，惟用拔取，頗費工力，河南西華一帶種植遍野，穫刈全用此刀。其治麻法，隨刈即刊，漚之清水池中，寒暖得宜即可潔白柔韌，漚苧則因皮厚難輭，必需用刀刮淨。其治法：先用石灰拌和累日，抖淨後用灰水煮，待冷，然後濯以清水，用蘆簾攤曬，擇細者績布，粗者作繩纜用。

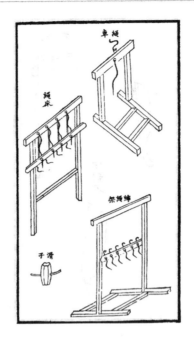

　　繩車，絞麻作繩也。元《王禎農書》："繩車，橫板中間排鑿八竅或六竅，各竅內置掉枝，或鐵或木，皆彎如牛角。"此只一竅，且車式迥殊。繩床，上下各四竅，繩架則中排六竅，却與《農書》繩車相仿佛，而式亦不同，豈古今異制，抑南北各宜耶？掉枝，一名鐵搖手，俗謂之吊子。又有爪木，置於所合麻股之首，或三或四，撮而爲一，各結於掉枝，復攬緊成繩。爪木自行，繩盡乃止。所謂爪木者，即俗名滑子是也。❶

——————————

　　❶　本頁圖中，"綧繩架"按，字書中無"綧"字。有"紵"字，意爲"苧麻，或苧麻布"，並無繩架編織紵繩之説。此處疑爲"擰"字，似作者所寫之異體字。

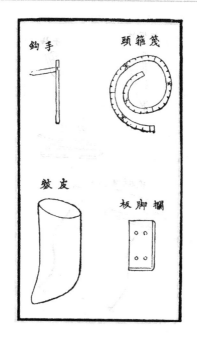

　　《集韻》："箍，以篾束物也。"又："皱，治履邊也。"
今圍柴篾箍，熟竹皮爲之，用漆分畫尺寸。定例：葦營以
銅尺二尺八寸爲一束。手鈎，刃細而長，約四五寸，橫安
木柄。凡柴由溝港筏運到廠，樵兵兩手各持一鈎，勾柴上
灘晾曬堆垛，省力而速。攔脚板，狀如屐，長一尺，厚一
寸，寬五寸，前後鑿孔，繫繩於履，乾地採柴著之，可禦
柴篾。皮皱，狀如鞾，以牛皮爲之，水地採柴，著之可衝
泥淖，夜則浸以灰漿，經久不爛。右四器皆蕩營樵採
之具。

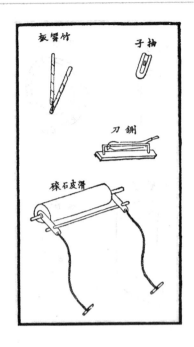

　　河工捆船鑲埽，非纜不可，東河用麻，南河用葦，各取其宜，而製葦器具則與麻不同。一、鍘刀，鍛鐵爲之，刃向下，承以木床，爲切去根梢之用。一、抽子，一名梳子，截木一段，長盈握，中開一槽，廣容指，內含鋼片，爲抽劈皮膜之用。一、響板，取竹片約長一尺，每二片聯成一副，用時兩手相搏有聲，爲刳削碎葉之用。一、滑皮石滾，取石琢圓，徑圍三尺，兩頭各安木臍，上套木耳，繫以長繩，用時置葦於地，往還拉曳，爲壓扁柴質之用。

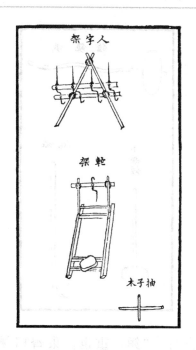

人字架

架軑

抽子木

　　葦纜之架，與繩架不同，其式有二：一曰人字架，用
木二根，其上縛成人字，其下分埋土內，中間橫架竹片
二，每片各鑿四孔，每孔各安鐵枝一枚；一曰軑架，用木
做成，豎高二尺六寸，橫橛三尺二寸，均安框內，其架上
亦橫置竹片一，中鑿一孔，孔內安一鐵枝。凡打葦纜，先
用繩杙絆定人字架，再用巨石壓住軑架，使不搖動，然後
將纜一頭分作四股，安人字架上，一頭合做一股，安軑架
上，用人推遞抽子，自然縈結成纜。抽子以木爲之，豎長
尺二，橫長尺八，狀如十字。打纜時將四股分擺其間，推
之即合，用與梭同。鐵枝俗名釣子，即搖手也。

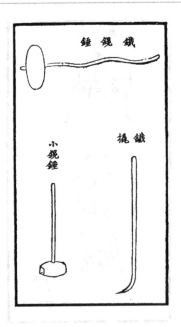

揚子《方言》："錘，重也。東齊曰鉧，宋魯曰錘。"
《集韻》："撬，舉也。"凡開山採石，山有土戴石、石戴土
之分。見山面露有浮石，必先用鉧錘擊之，審定其下有
石，然後刨土開採。鉧錘之製，鑄鐵爲首，大者形長而
扁，兩頭皆可用，中貫籐條或竹片以爲柄；小者兩頭一方
一圓，以木爲柄，約重十五六觔，均專備劈裁石料之用。
又鐵撬，以鐵鍛成，長一尺六寸，重十餘觔，爲撬起石塊
之用。

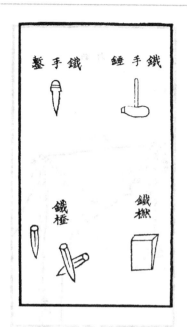

《説文》：“錾，小鑿也。”橄與椴同，側擊也。橇，見《字典》而無考❶。右四具皆採石所必需。手錘，尖頭圓底，約重三觔。手錾，圓腦尖嘴。鐵橇，圓腦扁嘴，長四、五、六寸不等。鐵橄，上寬下窄，其用與橇同。凡開山，既見石矣，須審山之形勢，順石之脈絡，度量所需石料長短厚薄，劃定尺寸。先鑿溝槽，約寬三寸，深二寸，每尺安鐵橇三根，擊以鋭錘，用水浸灌刻許，然後用錘錾儘擊開採。再橇名不同，在平處爲劈橇，直處爲鑿橇，兜底橫處爲攩橇，攩橇得施以鐵撬而石出矣。又黑麻、豆青等石皆用鐵橇漸擊漸入，匠人謂之含橇。獨黃麻石用鋼橇一擊即起，匠人謂之跳橇，必須繫以線索，不致跳遠，則又石性之不同耳。

---

❶ 《説文·木部》：“椴，似茱萸，出淮南。從木，殺聲。”“橄”，《康熙字典》：“同椴。”此處釋義與《説文》等不同，姑備于此。

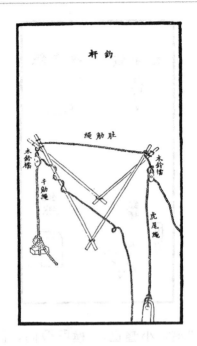

南河修補石工，例應選四添六，舊石塌卸，多沉水底，既深且重，人力難施，撈取之法，全仗釣杆。其制，用杉木四根，交叉對縛，仿架網式，安置岸邊，前繫鐵鍊，名曰千觔，後繫極粗麻繩，名曰虎尾，承繩之處名木鈴鐺，然後遣水摸夫入水摸石，引繩扣繫，集夫拉挽虎尾繩釣撈上岸。又採石裝船行運，石重船浮，非跳板所能上下，裝載之法，或於崖岸設立釣杆，或用本船大桅繫索拉釣，卸亦如之。

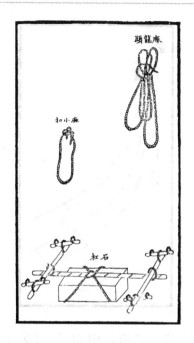

《説文》："杠，橫關對舉也❶。"凡擡條石，人數或四
或六或八，視石之輕重大小爲準。其所用杠選大竹爲之，
俗名曰牛，中用麻繩打結，名麻籠頭，繫石四角，兜而懸
之。竹杠兩頭用麻繩打結，名麻小扣。橫穿短杠，俗名大
木牛。兩頭再各用麻小扣穿小杠，俗名小木牛。

---

❶ 《説文・木部》："杠，牀前橫木也。從木，工聲。"《説文・手部》：
"扛，橫關對舉也。從手，工聲。"此處將"扛"作"杠"，疑混淆。

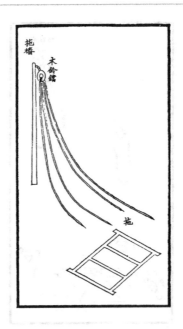

《禮·少儀》疏："拖，引也。"《集韻》："拖，牽車也。"拖，一名旱車，江南運石用之，北路石料長大者亦用此具。其法，於拖前遠立長樁，樁頭繫以木鈴，貫以長索，一頭繫住拖上石料，一頭以人力倒挽，人退拖進，一拖不及，再立樁，如法行之。至拖之人數，則以石之大小輕重爲準。

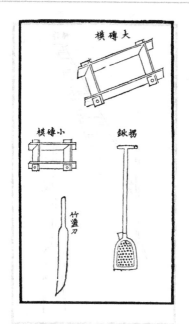

甎，即瓴甓。《古史考》："烏曹作甎。"《廣韻》："模，
形也。"左思《魏都賦》："受全模於梓匠。"《類篇》："盪，
動也。"《説文》："盪，滌器。"又："鍫，臿屬。"《唐韻》：
"拐，物枝也●。"治甎之具有模，大小均用堅木合成。盪
刀，以竹爲之。拐鍫，剡木爲首，以鐵片包鑲四邊，中列
釘頭，受以丁字長柄，用之拌和熟泥，貯模成墼，俗謂之
坯，再用竹刀盪平，脱下曬乾，積有成數，然後入窰燒
煉，計日成甎。

● 《唐韻》，唐代開元年間孫愐作。隋陸法言著《切韻》，是前代韻書的
繼承和總結。原書早佚，現在僅存敦煌出土唐人抄本。《唐韻》是《切韻》的
一個增修本，因其定名爲《唐韻》，曾獻給朝廷，故雖是私人著述，却帶有官
書性質。該書比起較它早出的王仁昫《刊謬補缺切韻》更著名，但原書已佚，
僅有清末殘卷兩卷。又據《廣韻》卷三："拐，手腳之物枝也。"此處"拐"字
解釋，似出自《唐韻》，則《唐韻》亦應作《廣韻》，疑爲刻工之誤。

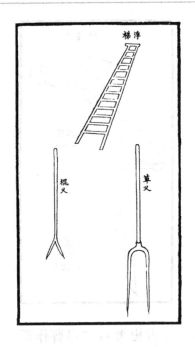

　　《正韻》：“叉，兩歧也。”《説文》：“梯，木階也。”
《釋名》：“梯，如階之有等差也。”草叉，削木爲柄，鍛鐵
爲首，兩齒銛利而長，備燒甎挑柴之用。棍叉，鍛鐵爲
之，柄圓齒扁，備燒窰撥火之用。浮梯，以木爲之，修工
匠人用以竚足，隨等上下畫線，俾得一律。

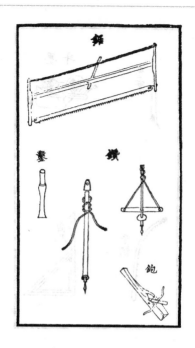

《物原》："軒轅作鋸，般作鑽。"《古史考》："孟莊子作鋸，作鑿。"《事物紺珠》："推鉋，平木器，魯般作。"《説文》："倉唐，鋸也[1]。"《正字通》："鋸，解器。鐵葉爲齟齬，其齒一左一右，以片解木石也。"鉋，正木器，大小不一，其式用堅木一塊，腰鑿方匡，面寬底窄，匡面以鐵針橫嵌中央，針後豎鐵刃，露出底口半分，上加木片，插緊不令移動，木匡兩旁有小木柄，手握前推，則木皮從匡口出，用捷於鏟。凡騎馬椿橛之類，或有長短不齊、高低不平，非此數具烏能治之。

---

❶　《説文·木部》："槍，距也。從木，倉聲。一曰槍欀也。"又《説文·倉部》："倉，穀藏也，倉黃取而藏之，故謂之倉。從食省，口像倉形。凡倉之屬皆從倉。"又《説文·金部》："鋸，槍唐也。從金，居聲。"是作者此處倒置《説文》的解釋方式，且將"槍"作"倉"，疑似認定二者爲通假之故。

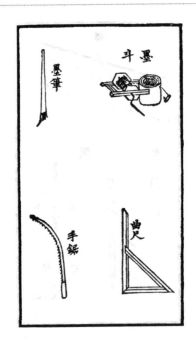

　　《廣韻》《商君書》："赭繩束枉木。"注："赭繩，即墨斗也❶。"《甘泉賦》注："鈎，曲尺也。"《正字通》："鋸，解器也。"凡匠人斷木分片，必先用墨線、墨筆彈畫，方能正直。墨斗多以竹筒爲之，高寬各三寸許，下留竹節作底，筒邊各釘竹片長五寸，中安轉軸，再用長棉線一條貯墨汁內，一頭扣於軸上，一頭由竹筒兩孔引出，以小竹扣定，用時牽出一彈，用畢仍徐徐收還斗內。墨筆，亦取竹片爲之，其下削扁，用刀劈成細齒，以便蘸墨界畫。曲尺，形如勾股弦式，惟股微長，便於手取，股長一尺五六，弦長尺四，勾長一尺，分寸注明勾上。

------

　　❶　此處"廣韻"疑似衍字。查《廣韻》中，并無下文所引"赭繩束枉木"等語。下文據《商君書·農戰第三》："若以情事上而求遷者，則如引諸絕繩而乘枉木也。"引文與此顯然不同，未知出于何處，姑備于此。

凡製木器，合角對縫，非此不爲功。手鋸，係用鐵葉一片，鑿成齟齬，約長尺五，受以木柄，長三寸，爲解析竹頭、木片之具。

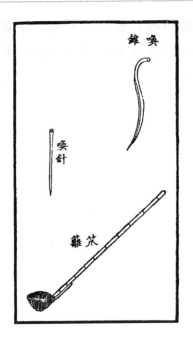

　　《史記索隱》：“江南謂葦籬曰笆。”今南河編紮牆屋，
多用葦竹，是以有笆匠之目。其編紮利器，喚錐、喚針，
均鍛鐵爲之。錐長一尺，凹心，式如半邊破竹，孔引粗緯；
針長五寸，孔引細繩。均名曰喚者，蓋兩人對編時，一內
一外，彼此照會，應聲後然後下錐穿針耳。又有笧籬，以
竹絲編成，受以長竹柄，凡笆匠編紮既成，登高貫頂，須
和稀泥苦草，以此爲遞送之具。

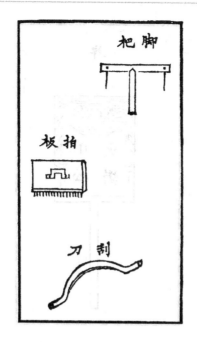

　　《玉篇》："以草覆屋曰苫[1]。"《左傳》："乃祖吾離被苫
蓋。"註："白茅苫也，江東呼爲蓋。"今工廠、館舍、兵
房、夫堡多用苫蓋，其具有三：一曰刮刀，鑄鐵露刃，狀
如弓，以兩弣爲柄，凡未苫之先，上梁豎柱，用以刮垢摩
光；一曰腳杷，斷木爲架，式如丁字，兩端各簽長鐵釘
一，攜以升屋，隨處可插，凡苫蓋之時，鋪頂壓脊，用以
接高立腳；一曰拍板，析木爲片，面布齊頭短鐵釘，背安
套手，凡既蓋之後，刪繁除冗，用以平治整齊。

---

　　[1]　《玉篇·艸部》："苦，苦菜也。"又："苫，舒鹽切，茅苫也。""茨，
疾資切，以茅覆屋也。""葦，舒鹽切，葦猶苫也，草自藉也。或作苫。"是引
文中"苫"字當爲"苫"。至於其解釋，則并不與《玉篇》所載相同，疑爲作
者因詞義相近混淆所致。

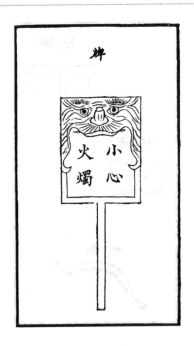

　　牌，首亦繪虎頭，大書"小心火燭"四字，因料廠重地，當風日燥烈之時，誠恐遺漏火種，所關非細，立此示禁，令兵弁觸目驚心，加意防維，庶幾帑項工需，益昭慎重。

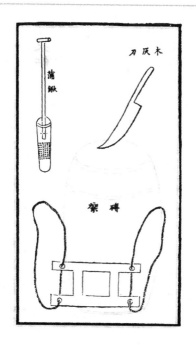

《玉篇》："鍬，臿也。"《釋名》："蒲，敷也。"《廣韻》："架，舉也。"蒲鍬，以堅木爲質，鐵葉裹口，上安丁字木柄，利除沙土。磚架，以木爲之，中方，兩頭鑿孔，穿繩作繫，便於抽動配平，工次用以擡轉。木灰刀，形如瓦刀，剡木爲之，石匠用以勾砌。

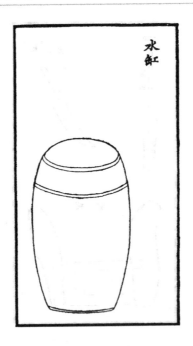

《玉篇》："缸，與瓨同。"《説文》："似罍長頸，受十升。"《漢書注》："缸，長頸罋也。"唐詩："花撲玉缸春酒香❶。"水缸設於料廠，以備火燭，平時貯水，更資利用。

---

❶　出自岑参《韋員外家花樹歌》。《全唐詩》卷一百九十九："今年花似去年好，去年人到今年老。始知人老不如花，可惜落花君莫掃。君家兄弟不可當，列卿御史尚書郎。朝回花底恒會客，花撲玉缸春酒香。"

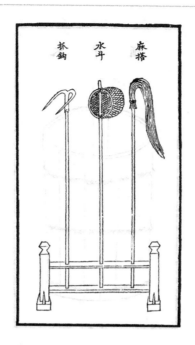

麻搭，以麻爲之，形似麈尾。水斗，柳筲編成，即小
戽斗。《廣韻》："戽斗，舟中渫水器也。"搭，鈎，《玉
篇》："鐵曲也❶。"二股内向，便於搭拉草料，與拆廂舊埽
之三股抓鈎差别，三者皆料厰備防火燭之用。

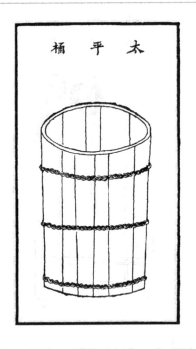

太 平 桶

　　《事物紺珠》：“桶，馬鈞作。”《物原》：“桶，木器，受六升。”《博雅》：“方斛謂之桶。”今時用以挑水。《史記·商君傳》：“平斗桶，又作甬。”《禮·月令》：“仲春，角斗甬。”料廠既設水缸，何以又設木桶？蓋恐隆冬水凍，缸易裂縫，桶則貯水無患，故曰太平。

跋

　　右《河工器具圖説》四卷，河帥見亭先生所手輯也，分其目爲四門，繪其象爲一百四十有五幀，中有以類相從者，共得二百八十有九種，物物爲之圖，即物物爲之説，目睹耳聞，口講指畫，事有繁簡，制有損益，名有雅俗，用有古今，精且審矣，明且備矣！

　　昔宋吕大防撰《考古圖》，王黼等撰《宣和博古圖》，明吕震撰《宣德鼎彝譜》，是亦器具圖也，而近于玩好，無論有説無説，皆與政治無關。至《奇器圖説》，明鄧玉函所著，其解木解石、轉磨轉碓之屬，共三十九圖，各系以説。《諸器圖説》，王徵所著，凡十一圖，皆徵自造，具見思致，然專尚奇巧，終非日用行習之物，豈若是書爲國家之要務、河渠之急需，其信今傳後，大非淺鮮哉！且夫治河之道，歷有成書，元沙克什《河防通議》分列六門，法則咸備；明姚文灝《浙西水利書》，歸有光《三吴水利録》，張内藴、周大韶《三吴水考》，俱就一隅而言；國朝張伯行之《居濟一得》，靳輔之《治河方略》，傅澤洪之《行水金鑑》，齊召南之《水道提綱》，熟諳形勢，總括機宜，得失利弊，詳哉言之。然立其説者未嘗製爲圖也，其有圖而兼有説者，宋單鍔作《吴中水利書》，蘇軾嘗爲奏進狀，稱原本有圖，今已從佚；元王喜《治河圖略》，首列六圖，末陳己説；明潘季馴《河防一覽》，其圖説在辨惑檢要之前，謝肇淛《（比）〔北〕河紀❶》河道諸圖之後，分河程、河源等八紀，陳應芳《敬止集》，有六圖十三論，張國維《吳中水利書》，有東南七府水利總圖；國朝薛鳳祚《兩河清彙》，將黃河、運河繪爲二圖，又著論四篇之數，書者覽其圖、誦其説，不愆不忘，率由舊章，何莫非效法之所在邪？

雖然，水道有變遷，人事有因革，非空言可以取驗也，非徒手可以奏功也，且非親歷不能悉其形也，非周諮不能揆其宜也，非好學深思不能知其故也，《易》有之："備物致用，作成器以爲天下利"，又云："以制器者尚其象。"甚矣！器之足以載道，而即以行道也。善其器者貴乎便事，而尤貴乎因地隨時，此《河工器具圖説》一書，誠有不容稍緩者爾！

見亭河帥，巡視南河已閱三載，蒞工綜務，謹慎周詳。其于治河諸書，早已徧觀盡識，融會貫通，而又于所用器具，一一爲之循名核實，積久成帙，條分縷析，綱舉目張。即小以見大，由精以及麤，溯流以尋源，明體以達用。燦若列眉，燎如指掌，是真補前賢所未及，垂後世以共由。上爲一人佐平成之績，中爲四瀆奏安瀾之效，下爲百官著考鏡之資，所謂太平之鴻猷、不朽之盛業，其在斯乎！其在斯乎！

---

❶ 《比河紀》應爲《北河紀》。《北河紀》八卷、《紀餘》四卷，明謝肇淛撰，《明史·藝文志》有著錄。首列河道諸圖，次分八記，詳疏北河源委及歷代治河利病，《紀餘》爲山川古迹及古今題詠之屬。《北河紀》發凡起例，具有條理。清初閻廷謨曾作《北河續紀》四卷，其大致仍以此爲藍本。《四庫全書總目提要》稱，此爲謝肇淛以工部郎中視河張秋時所作，具載河流原委及歷代治河利病，《明史·文范傳》獨載此書，其內容"必有以取之矣"。

國佐承乏下僚，素蒙訓迪，今夏特出是編見示，是不以國佐爲不才也。爰請任校勘之役，即付剞劂氏公諸天下，庶幾哉河政有全書，河防有良法已。是爲跋。

道光柔兆涒灘陽月❶，同知銜揚糧通判大興王國佐拜撰。

整理人：武強，教育部人文社科重點研究基地河南大學黃河文明與可持續發展研究中心副教授、碩士生導師，歷史地理學博士，人文地理學博士後。主要從事歷史經濟地理學與近代經濟史、歷史地理信息化等研究。已發表論文三十餘篇，主持国家級、省部級課題多項。

---

❶ 此處爲歲星紀年法。依干支紀年法爲道光丙申年十月，即道光十六年（一八三六年）十月，即《河工器具圖説》刻印的年份。